工业和信息化高职高专
"十三五"规划教材立项项目

刘永娟 孙琪／编著

AutoCAD 2014 建筑装饰与室内设计教程

高等职业教育『十三五』土建类技能型人才培养规划教材

人民邮电出版社

北 京

图书在版编目（CIP）数据

AutoCAD 2014 建筑装饰与室内设计教程 / 刘永娟,
孙琪编著. -- 北京 : 人民邮电出版社, 2015.10（2024.2重印）
高等职业教育"十三五"土建类技能型人才培养规划
教材
ISBN 978-7-115-38737-0

Ⅰ. ①A… Ⅱ. ①刘… ②孙… Ⅲ. ①建筑装饰－计算
机辅助设计－AutoCAD软件－高等职业教育－教材②室内
装饰设计－计算机辅助设计－AutoCAD软件－高等职业教育
－教材 Ⅳ. ①TU238-39

中国版本图书馆CIP数据核字(2015)第095382号

内 容 提 要

　　本书系统地讲解了室内建筑装饰装修设计 CAD 整套家装的施工制图流程（完成一整套完整的平、立、剖面施工设计图纸），以及 AutoCAD 2014 经典版的基础知识和技能应用。完成本书分为 AutoCAD 2014 经典版基础知识、室内建筑原始平面图制作、室内其他装饰施工平面图制作、室内客厅立面图制作、室内客厅电视背景墙剖面图制作与虚拟输出打印 5 个项目，项目模块下又细分为 21 个任务，每个任务步骤都有详细讲述，每个项目模块都能自成教学体系。

　　本书可作为高等职业技术学院建筑装饰类、环境设计类、艺术设计类专业的教学用书，也可供有关建筑装饰技术人员和室内装修设计人员参考、学习、培训之用。

◆ 编　　著　　刘永娟　孙　琪
　　责任编辑　　刘盛平
　　执行编辑　　刘　佳
　　责任印制　　杨林杰

◆ 人民邮电出版社出版发行　　北京市丰台区成寿寺路 11 号
　　邮编　100164　　电子邮件　315@ptpress.com.cn
　　网址　https://www.ptpress.com.cn
　　涿州市般润文化传播有限公司印刷

◆ 开本：787×1092　1/16
　　印张：17　　　　　　　　　　2015 年 10 月第 1 版
　　字数：407 千字　　　　　　　2024 年 2 月河北第 15 次印刷

定价：39.80 元

读者服务热线：(010)81055256　印装质量热线：(010)81055316
反盗版热线：(010)81055315
广告经营许可证：京东市监广登字 20170147 号

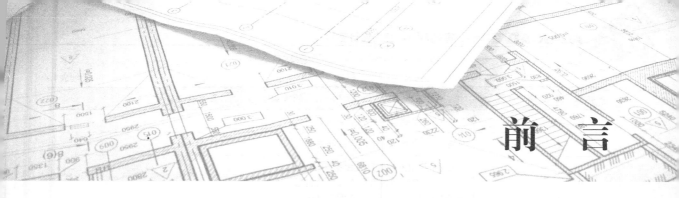

前　言

为了适应建筑装饰工程技术和室内环境设计人员绘制施工图的需要，本书以实际工程为例，介绍了 AutoCAD 2014 软件在室内建筑装饰装潢领域的应用。

本书采用一整套完整的平面、立面、剖面大样图案例，遵循国家《房屋建筑制图统一标准》GB/T 50001—2010、《房屋建筑室内装饰装修制图标准》JGJ/T244-2011 制图标准，将 AutoCAD 软件的操作命令融合到装修工程项目当中。

本书平面、立面、剖面案例完全遵循平面图当中所涉及的规格尺寸，极大地改善高校学生与社会装饰企业的专业能力相脱节的问题，让学生的思维由二维转换到三维空间上来。通过项目的详细分解，学生能够非常清晰地了解到装饰公司施工图纸的准确绘制步骤与方法。

通过软件系统操作概述及 5 个项目的学习和训练，读者不仅能够掌握 AutoCAD 建筑装饰与室内设计知识，而且能够掌握建筑装饰装修施工图纸识读和绘制方法，达到建筑装饰技术人员、电力工程技术人员、室内设计人员对建筑装饰装修施工图识读与绘制的要求。

本书的参考学时为 84 ～ 114 学时，建议采用理论实践行动导向一体化教学模式，各项目的参考学时见下面的教学进度分配表。

教学进度分配表

周次	周课时数	教学内容（含新授课程、实训、复习、考试）
1	6	**项目1　AutoCAD 2014基础知识** 任务1.1　AutoCAD各版本的界面对比 任务1.2　AutoCAD 2014经典设置
2	6	**项目2　绘制室内建筑原始平面图** 任务2.1　绘制定位轴线 任务2.2　绘制墙体
3或8	法定节日	国庆节（中秋节、清明节、劳动节、端午节）放假周
4	6	任务2.3　绘制门窗 任务2.4　绘制定位轴线编号
5	6	任务2.5　尺寸标注 任务2.6　绘制图名与比例的标注
	6	**项目3　绘制室内其他装饰施工平面图** 任务3.1　绘制室内地面材料铺装图
		任务3.2　绘制室内家居平面布置图

（续表）

周次	周课时数	教学内容（含新授课程、实训、复习、考试）
8	6	任务3.3　绘制室内顶棚平面布置图
9	6	任务3.4　绘制室内电气电路布置图
10	6	**项目4　绘制室内客厅立面图** 任务4.1　绘制室内客厅立面内视符号 任务4.2　绘制室内客厅立面基础图
11	6	任务4.3　绘制室内客厅A立面布置图
12	6	任务4.4　绘制室内客厅B立面布置图
13	6	任务4.5　绘制室内客厅C立面布置图 任务4.6　绘制室内客厅D立面布置图
14	6	**项目5　绘制室内客厅电视背景墙剖面图与虚拟输出打印** 任务5.1　绘制电视背景墙剖面图
15	6	任务5.2　绘制客厅吊顶大样图 任务5.3　图纸虚拟打印输出
16	30	**专业实训周**
19		**复习周**
20		**专业课考试周**

　　本书由国家首批 28 所示范性高等职业院校、国家级高技能人才培养示范基地——威海职业学院的刘永娟、孙琪老师编著。

　　最后感谢读者选择了本书，希望作者的努力对读者的学习和工作有所帮助，也希望广大读者把本书的意见和建议告知作者（邮箱：287889834@qq.com）。由于编者水平和经验有限，书中难免有疏漏与不足之处，敬请读者批评指正。

编　者

2015 年 1 月

目　录

项目 4

绘制室内客厅立面图 ……………………………………………… 133

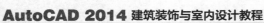

项目 1

AutoCAD 2014 基础知识

任务1.1 AutoCAD各版本的界面对比

学习目标

通过对本情境的学习，掌握以下知识和方法。

☐ 了解 AutoCAD 软件版本的发展过程，比较各版本的特点。

☐ 掌握 AutoCAD 软件的安装方法。

任务描述

● 任务内容

  尝试安装 AutoCAD 试用版软件。

● 实施条件

  1. 台式计算机或笔记本电脑。

  2. AutoCAD 正版软件。

任务实施

一、认识AutoCAD 2004界面

> 这是 AutoCAD2004 中文版电脑桌面上的快速启动图标。

AutoCAD 2004，简称 cad2004，由美国 Autodesk 公司在 2003 年 3 月推出。AutoCAD 2004 中的 CAD 是 Computer Aided Design 的缩写，指计算机辅助设计。Autodesk 于 20 世纪

80 年代初为计算机上应用 CAD 技术而开发了绘图程序软件包 AutoCAD 2004，经过不断的完善，现已经成为国际上广为流行的绘图工具。其具有完善的图形绘制功能和强大的图形编辑功能，可采用多种方式进行二次开发或用户定制，可进行多种图形格式的转换，具有较强的数据交换能力，同时支持多种硬件设备和操作平台。AutoCAD 2004 可以绘制任意二维和三维图形，同传统的手工绘图相比，用 AutoCAD 绘图速度更快，精度更高，而且便于个性化处理。AutoCAD 2004 试用版安装初始界面如图 1-1 所示。

图 1-1　AutoCAD 2004 试用版安装初始界面

AutoCAD 2004 软件具有如下特点。

（1）具有完善的图形绘制功能。

（2）具有强大的图形编辑功能。

（3）可以采用多种方式进行二次开发或用户定制。

（4）可以进行多种图形格式的转换，具有较强的数据交换能力。

（5）支持多种操作平台。

AutoCAD 2004 经典界面如图 1-2 所示。

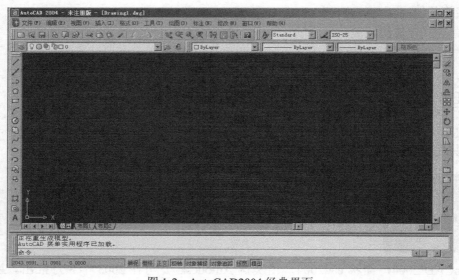

图 1-2　AutoCAD2004 经典界面

二、认识AutoCAD 2006界面

这是 AutoCAD 2006 中文版电脑桌面上的快速启动图标。

AutoCAD 2006，简称 cad2006，发布时间 2005 年，由 Autodesk 公司开发。相对于 cad 2004，cad2006 能够以更快的速度、更强大的功能和更高的效率来实现构想。AutoCAD 2006 试用版安装初始界面如图 1-3 所示。

图 1-3　AutoCAD 2006 试用版安装初始界面

cad2006 比 cad2004 增加的新功能如下。

（1）填充图形。

（2）控制填充原点。

（3）指定填充边界。

（4）创建分离的填充对象。

（5）查找填充面积。

（6）连接同类的对象。

（7）访问三维几何图形的对象捕捉。

AutoCAD 2006 经典界面如图 1-4 所示。

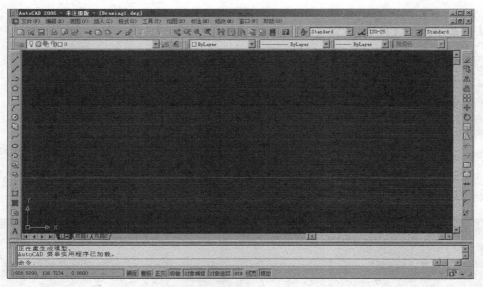

图 1-4　AutoCAD 2006 经典界面

三、认识AutoCAD 2008界面

> 这是 AutoCAD 2008 中文版电脑桌面上的快速启动图标。

　　AutoCAD 2008，简称 cad2008，由 Autodesk 公司开发，发布时间 2007 年 4 月。该版本的 AutoCAD 从概念设计到草图和局部详图，为用户提供了创建、展示、记录和共享构想所需的所有功能。AutoCAD 2008 将惯用的 AutoCAD 命令与更新的设计环境结合起来，使用户能够以前所未有的方式实现并探索构想。AutoCAD 2008 试用版安装初始界面如图 1-5 所示。

图 1-5　AutoCAD 2008 试用版安装初始界面

cad2008 比 cad2006 增加的新功能如下。

（1）注释性对象。

（2）多重引线对象是一条线或样条曲线，其一端带有箭头，另一端带有多行文字对象或块。

（3）字段是包含说明的文字，这些说明用于显示可能会在图形生命周期中修改的数据。

（4）动态块中定义了一些自定义特性，可用于在位调整块，而无需重新定义该块或插入另一个块，可以在 AutoCAD 颜色索引器里更容易看到颜色选择。

（5）cad 自身的表格对象提供了更多的图块集合。

AutoCAD 2008 试用版首次启动时的视窗操作界面如图 1-6 所示，调试后的 AutoCAD 2008 经典操作界面如图 1-7 所示。

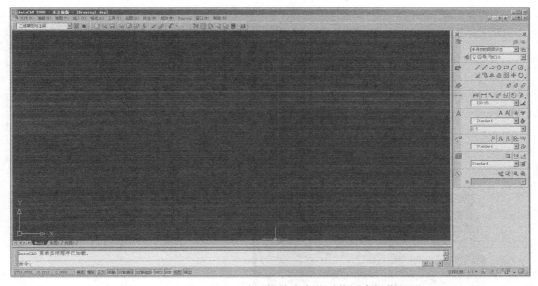

图 1-6　AutoCAD 2008 试用版首次启动时的视窗操作界面

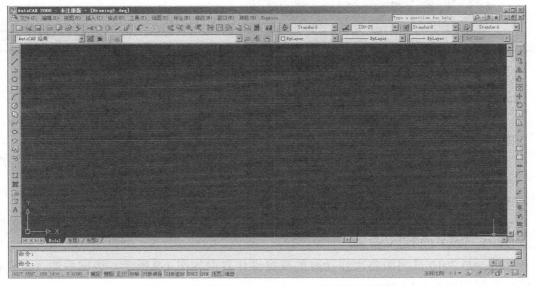

图 1-7　调试后的 AutoCAD 2008 经典操作界面

四、认识AutoCAD 2010界面

这是 AutoCAD 2010 中文版电脑桌面上的快速启动图标。

AutoCAD 2010，简称 cad2010，由 Autodesk 公司开发，发布时间 2009 年 3 月。该版本的 Autocad 中引入了全新的功能，包括对自由形式的设计工具和参数化绘图，同时也加强了对 PDF 格式方面的支持。AutoCAD 2010 试用版安装初始界面如图 1-8 所示。

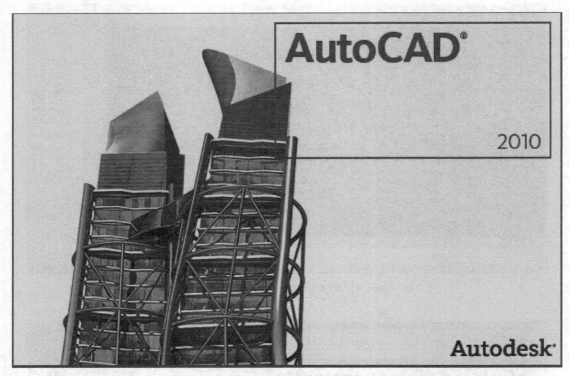

图 1-8　AutoCAD 2010 试用版安装初始界面

cad2010 比 cad2008 增加的新功能如下。

（1）参数化绘图功能，注意是通过基于设计意图的约束，可以极大地提高工作效率。

（2）光滑网格工具能让用户创建流畅的 3D 模型。

（3）应用程序菜单（位于 AutoCAD 窗口的左下）变得更加有效，使工作效率大大提高。

（4）Ribbon 功能升级，这个功能被票选为 cad2010 测试人员最喜欢的功能。

（5）可以在 AutoCAD 颜色索引器里更容易看到颜色选择。

（6）参照工具（位于 Ribbon 的插入标签）能够让用户附加和修改任何外部参照文件，包括 DWG、DWF 和 DGN 格式。

AutoCAD 2010 试用版首次启动时的视窗操作界面如图 1-9 所示，调试后的 AutoCAD 2010 经典界面如图 1-10 所示。

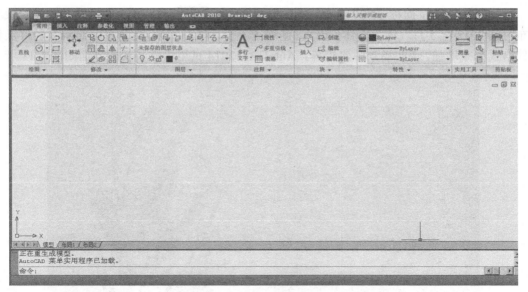

图 1-9 AutoCAD 2010 试用版首次启动时的视窗操作界面

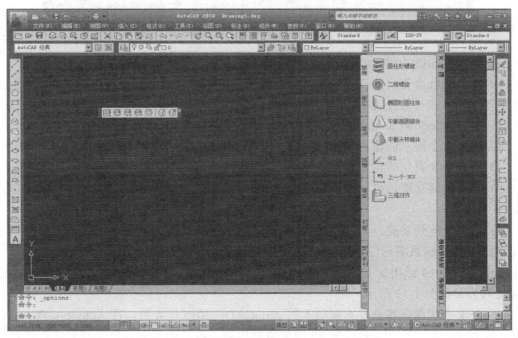

图 1-10 调试后的 AutoCAD 2010 经典界面

五、认识AutoCAD 2014界面

这是 AutoCAD 2014 中文版电脑桌面上的快速启动图标。

AutoCAD 2014，简称 cad2014，是 Autodesk 公司继 AutoCAD 2013 之后发布的又一版本。发布时间 2013 年 3 月。该版本体积庞大，新增了不少功能和特性，比如 Windows 8 触屏操作，文件格式命令增强，现实场景中建模等。AutoCAD 2014 试用版安装初始界面如图 1-11 所示。

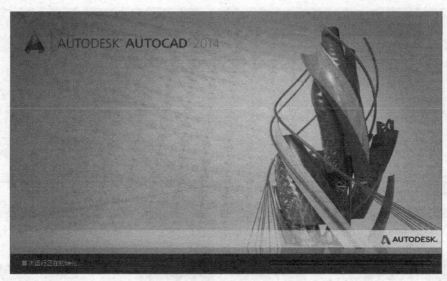

图 1-11　AutoCAD 2014 试用版安装初始界面

cad2014 比 cad2010 增加的新功能如下。

（1）即时的社会化交互设计功能，用户可以使用即时通信工具把自己设计的图形图块通过网络互交的方式与他人共享。

（2）支持 Windows 8 系统的触屏操作。

（3）近似命令提示的输入功能，用户可以快速方便地找到自己想要的命令。

（4）倒圆角和直角的预览效果功能。

（5）电子传递功能，可以把图档里所有的信息和设置一起复制，并且不用担心文字不能被识别。

（6）沿路径阵列功能。

（7）UCS 坐标系图标任意拖曳移动功能。

AutoCAD 2014 试用版首次启动时的视窗操作界面如图 1-12 所示，调试后的 AutoCAD 2014 经典界面如图 1-13 所示。

Autodesk 公司每年都会发布新版本的 AutoCAD，2015 年 4 月，在 Autodesk 官方网站上可以下载到 AutoCAD 2016 软件的 30 天免费试用版，或是购买运行更加稳定，性能更好的正版 cad2016 软件。cad2016 在界面的美化方面做了较大改进，对命令的容易性和方便性也做了改进。

借助 AutoCAD 2016，用户可以准确地和客户共享设计数据，还可以体验本地 DWG 格式所带来的强大优势。DWG 是业界使用最广泛的设计数据格式之一，用户可以通过它让所有人员随时了解最新设计决策。借助 AutoCAD 支持演示的图形、渲染工具和强大的绘图和三维打印功能，设计将会更加出色。AutoCAD 2016 可以在各种操作系统支持的微型计算机和工作站上运行，完美支持 Windows 8/8.1/Windows 7 等各个 32 和 64 位操作系统。

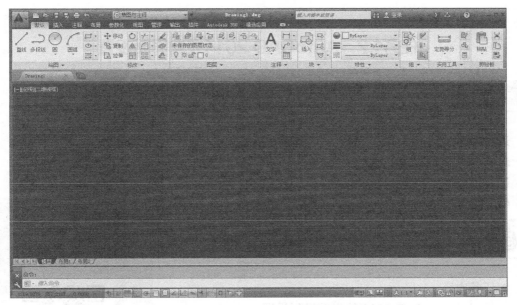

图 1-12　AutoCAD 2014 试用版首次启动时的视窗操作界面

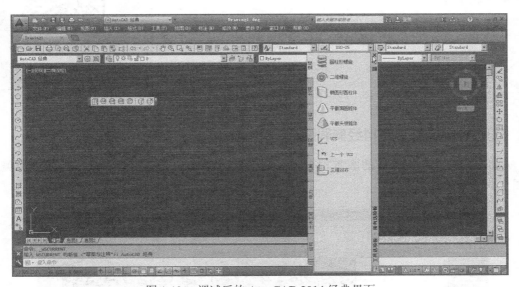

图 1-13　调试后的 AutoCAD 2014 经典界面

📖 **说明**

经过对 AutoCAD 2004 ~ 2014 这几个版本的了解，我们可以发现，无论应用的版本多高，只要切换为经典的操作界面都会进入我们最熟悉的制图界面。在比较的过程中，我们可以了解到伴随着版本的提升，AutoCAD 的软件界面越来越智能化与人性化，例如填充的提前预览等新功能，但同时对计算机硬件要求也逐步提高。

建议计算机硬件配置：CPU 为 64 位处理器 i7 四核八线程；内存条为 4GB 以上；显卡为英伟达 1GB 以上独立显卡；硬盘为固态硬盘 256GB 以上。

任务1.2　AutoCAD 2014经典界面设置

学习目标

通过对本情境的学习，掌握以下知识和方法。
- 了解经典版设置的 2 种方法。
- 掌握建筑单位与原点的设置。
- 掌握操作窗口颜色的设置与切换。

任务描述

- 任务内容
  尝试对 AutoCAD 2014 的界面进行设置。
- 实施条件
  1. 台式计算机或笔记本电脑。
  2. AutoCAD 2014 正版软件。

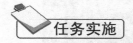
任务实施

微课视频 1：

《AutoCAD 经典设置》

http://182.92.225.223/web/shareVideo/
index.action?id=1000092&ajax=1

一、打开AutoCAD 2014经典界面

AutoCAD 2014 与以前的版本稍微有一些变化，增添了一些功能，整体界面更加美观，如图 1-14 所示。

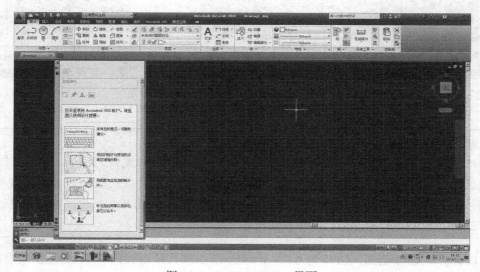

图 1-14　AutoCAD 2014 界面

打开后，为了与以前版本看起来一样，使用更方便，可以做一些修改，有如下两种方式。

方式一：在草图与注释栏中选择"AutoCAD 经典"即可进入经常看到的界面，如图 1-15 所示。

方式二：在页面下方单击【切换工作空间】按钮，选择"AutoCAD 经典"即可进入经常看到的界面，如图 1-16 所示。

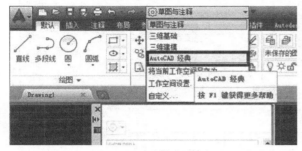

图 1-15　AutoCAD 经典开启模式 ①

图 1-16　AutoCAD 经典开启模式 ②

通过以上两种方式，将可以看到 2004 版到 2014 版的常用界面，如图 1-17 所示。

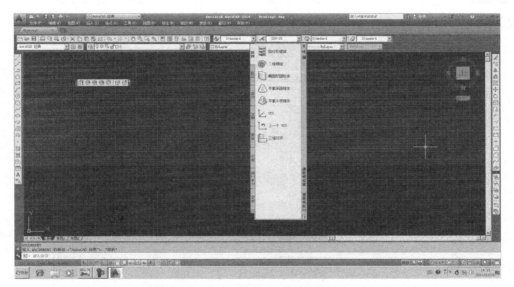

图 1-17　AutoCAD 2014 经典界面

二、界面设置

将图 1-14 中的"工具选项板"关掉，用鼠标"左键"点住"修改栏"不放，将其拖到窗口左侧，再将其他工具依次放到左侧，如图 1-18 所示。

为了使视图更清晰，可以改变界面底色。单击菜单栏中的【工具】按钮，选择下滑栏的最后一项"选项"进入"选项"命令框，选择"显示"一栏，单击【颜色】按钮，进入"图形窗口颜色"命令框，在这里可以改变界面背景颜色，将颜色设置为"白色"，在预览中可以看到背景变为白色，如图 1-19、图 1-20 所示。

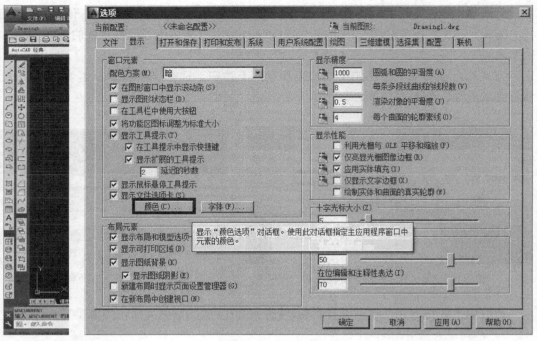

图 1-18　移动"修改栏"　　　　　　　　　图 1-19　界面底色修改

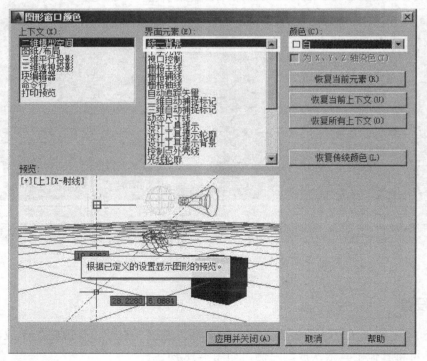

图 1-20　统一背景颜色修改

　　预览中，看到图中有作为辅助作用的经纬网格，如果觉得经纬格线在图中混淆作图，那么可以在图 1-20 中将"界面元素"中的"栅格主线"颜色设置为"白色"，同时将"栅格辅线"设置为"白色"，此时，经纬网格消失，如图 1-21 所示。

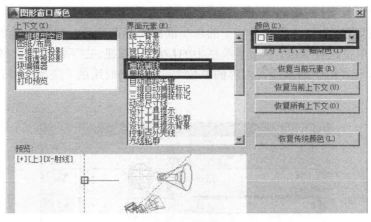

图 1-21　栅格主线与辅线颜色修改

单击【应用并关闭】按钮，关闭"图形窗口颜色"命令框，单击【确定】按钮返回界面，这时，我们将看到一个白色的背景栏。

当鼠标滚轮滚动的时候，看到图中的坐标在上下滑动，现在对它进行设置。

单击菜单栏中的【视图】按钮，在下滑栏中选择"显示"，选择"UCS 图标"，选择"原点"，将其前的对号关闭，如图 1-22 所示。

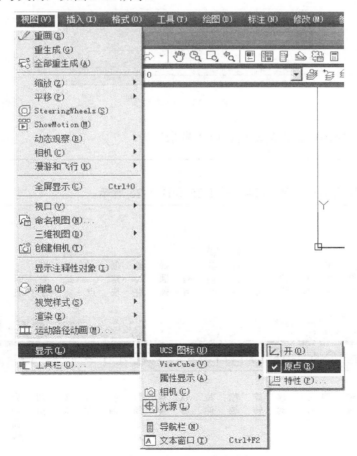

图 1-22　坐标原点设置

此时，将看到背景栏中的坐标将一直位于界面左下角。

cad 中单位以毫米为计，建筑领域中的总平面图和标高除外，单位计为米。

下面需要对单位进行修改，单击菜单栏中的【格式】按钮，在下滑栏中选择“单位”，将“精度”设置为“0”，将“用于缩放插入内容的单位”设置为平时用的“毫米”，单击【确定】按钮，如图 1-23 所示。

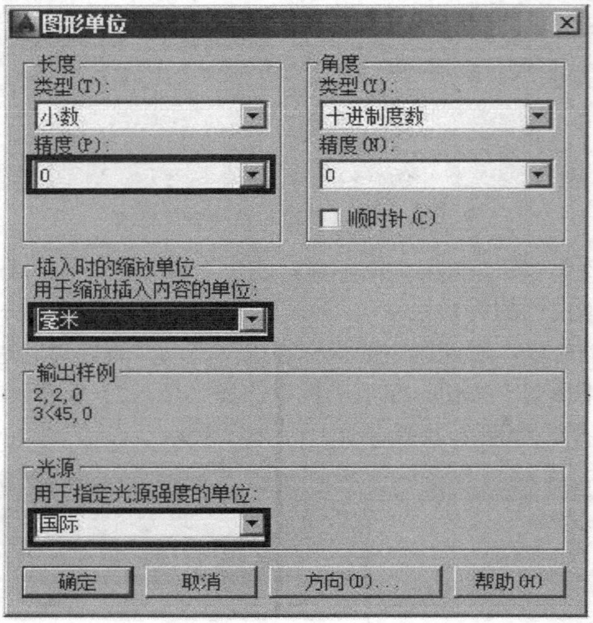
图形单位
长度
类型(T):
小数
精度(P):
0
角度
类型(Y):
十进制度数
精度(N):
0
顺时针(C)
插入时的缩放单位
用于缩放插入内容的单位:
毫米
输出样例
2,2,0
3<45,0
光源
用于指定光源强度的单位:
国际
确定
取消
方向(D)...
帮助(H)

图 1-23　单位设置

设置完后，在制图中输入的数值将以“毫米”计。

说明

常用命令、界面简介如图 1-24、图 1-25 和图 1-26 所示。

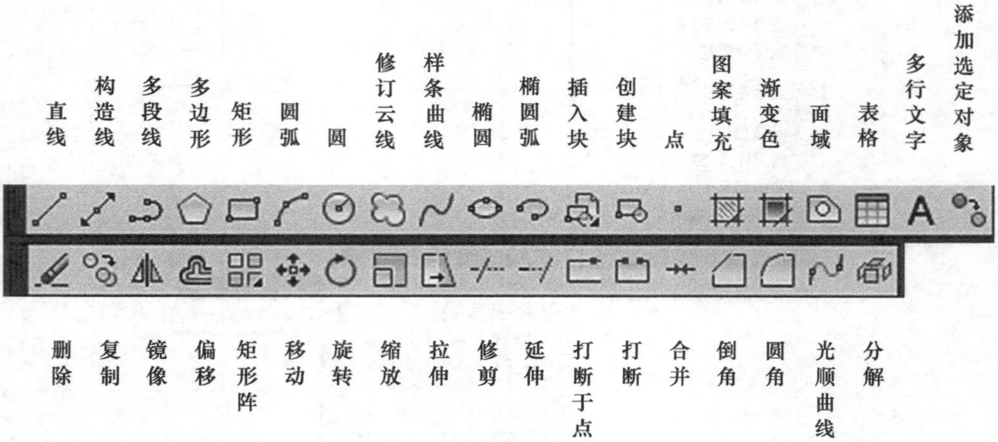
直线
构造线
多段线
多边形
矩形
圆弧
圆
修订云线
样条曲线
椭圆
椭圆弧
插入块
创建块
点
图案填充
渐变色
面域
表格
多行文字
添加选定对象
删除
复制
镜像
偏移
矩形阵
移动
旋转
缩放
拉伸
修剪
延伸
打断于点
打断
合并
倒角
圆角
光顺曲线
分解

图 1-24 “绘图”与“修改”工具栏按钮功能简介

图 1-25 "快捷栏"按钮功能简介

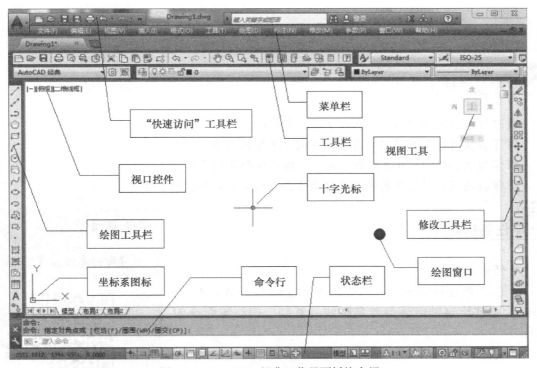

图 1-26 AutoCAD 经典工作界面板块介绍

项目小结

本项目介绍了 AutoCAD 5 种不同版本的发展历程，以及它们之间经典界面和首次启动时的操作界面的对比。通过这一简单的对比，我们可以发现无论使用怎样的版本，其基础性功能都是一致的。对于每年更新换代的新版本，自然也会有老版本所不具有的优势特性——更加人性化、更加便捷、更加美观，当然，对计算机的性能要求也会越来越高。对于建筑与艺术设计行业相关初学者，就怎样调试 AutoCAD 2014 的单位以及操作面板做了介绍。

项目 **2**

绘制室内建筑原始平面图

任务2.1 绘制定位轴线

学习目标

通过对本情境的学习，掌握以下知识和方法。

☐ 了解室内原始家装图中定位轴线的正确制图顺序。

☐ 掌握 AutoCAD 2014 的线、复制、偏移等命令的应用。

☐ 掌握图层特性管理器的正确使用方法和线型加载的使用方法。

任务描述

● 任务内容

在了解建筑装饰 cad 软件的基础上，打开 AutoCAD 2014，通过绘制轴网学习并掌握线、复制、偏移等命令的应用。

● 实施条件

1. 台式计算机或笔记本电脑。

2. AutoCAD 2014 正版软件。

微课视频 2：

《绘制定位轴线 1》

http://182.92.225.223/web/shareVideo/
index.action?id=1000066&ajax=1

任务实施

运用 AutoCAD 2014 绘制"家装原始结构图"，以它作为学习任务载体。通过实际项目的绘制，从中学习常用的操作命令（包括绘制命令和修改命令）。图 2-1 所示为一幅手绘的家装原始结构图。图中①～⑤与Ⓐ～Ⓖ是建筑构造与识图所学的点画线，也叫作定位轴线。图中的圆圈是定位轴线编号，上面是尺寸标注，图中还有墙体、门窗等。

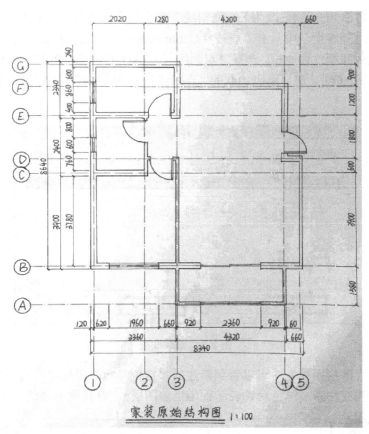

图 2-1　家装原始结构图

一、图层特性管理器的使用与设置

依照图 2-1 中相应的间距尺寸，绘制五条纵向的轴线①…⑤。

（1）打开"图层面板"，进入"图层特性管理器"，单击【新建图层】按钮（快捷键：ALT+N），如图 2-2 所示。

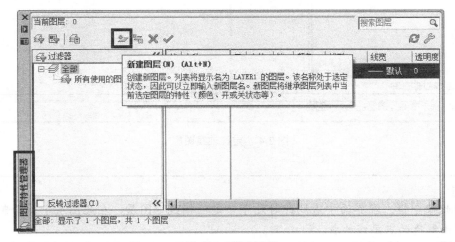

图 2-2　新建图层

（2）将默认名称"图层 1"改为"定位轴线"，颜色设置为"红色"，线型设置为"点画线"。在设置中看到"选择线型"中只有"直线（Continuous）"，单击栏目框下方的【加载】按钮，打开"加载或重载线型"命令框，选择"点画线（ACAD_IS004W100）"，单击【确定】按钮，在"选择线型"命令框中，选择刚刚加载的"点画线"，单击【确定】按钮退出命令框，如图 2-3 所示。

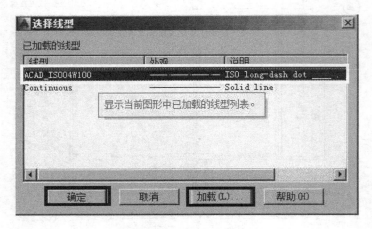

图 2-3　加载线型

（3）此时在"图层面板"中可以看到新建的"定位轴线"图层已经设置完成，单击命令框上面的绿色对钩（注意：绿色对钩表示置为当前图层），将其置为当前，如图 2-4 所示。

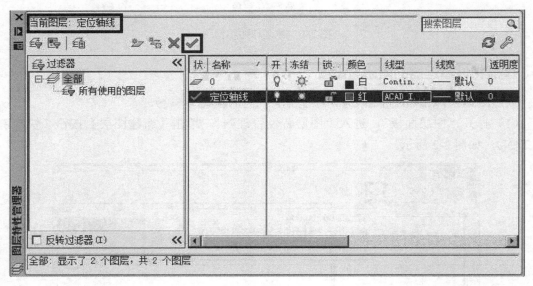

图 2-4　定位轴线图层

📖 说明

关闭此命令框。在界面中看到此时处于"定位轴线"图层，在此图层下，绘制的任何图形都将由红色的点画线构成。

二、绘制纵向轴网

在图 2-1 所示的手绘稿中看到第一根定位轴线长为"10220"，这里将线长设置为"13000"，超出屋子的长度，方便后面图的绘制。

（1）单击【直线】按钮，如图 2-5 所示。

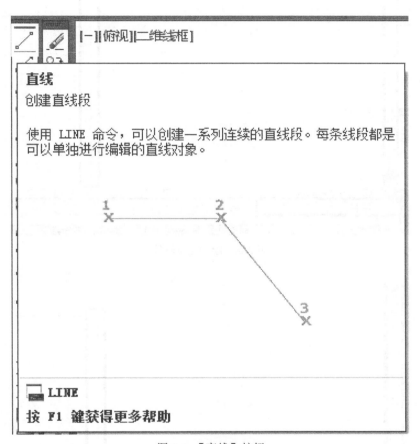

图 2-5 【直线】按钮

（2）在界面中会有提示，根据提示，单击鼠标左键指定第一个点，按快捷键【F8】（注意：【F8】表示＜正交：开 / 关＞），在命令栏中会看到"＜正交：开＞"，从而使直线"直来直去"。输入数据"13000"，按【空格键】确认。会看到图中有一条 13000 毫米长的红色点画线，按键盘左上角的【Esc 键】退出所有命令，如图 2-6 所示。

（3）让直线在界面中全部出现在视野里有两种方法。

方法一：在命令中直接输入"ZOOM"，按【空格键】确认。继续输入"A"，按【空格键】确认（注意：在这里"A"是全部的意思）。这样，直线就全部出现在界面上，如图 2-7 所示。

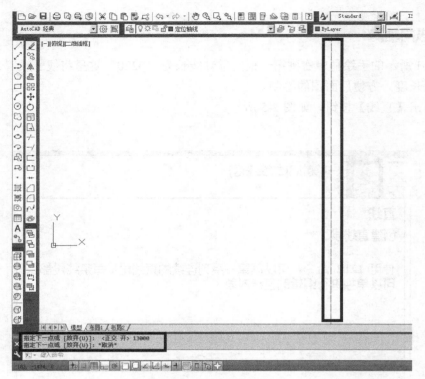

图 2-6　绘制定位轴线

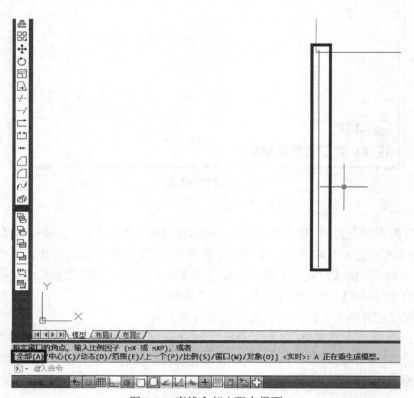

图 2-7　直线全部出现在界面

方法二：双击鼠标滚轮。

⚠️ **注意**

怎样了解到这根点画线的信息呢？

（4）选中"定位轴线"，单击鼠标右键，选中"快捷特性"，显示结果如图 2-8 所示。

直线	
颜色	■ ByLayer
图层	定位轴线
线型	—— · —— ByLayer
长度	13000

图 2-8　快捷特性

微课视频 3：

《绘制定位轴线 2》

http://182.92.225.223/web/shareVideo/
index.action?id=1000067&ajax=1

⚠️ **注意**

细心的用户会发现放大时定位轴线是点画线，而缩小时却是一条直线。要怎样在全视图中也看到是点画线呢？

（5）选定定位轴线，单击鼠标右键，选择"特性"，打开"特性面板"，将"线型比例"设置为"30"，按【回车键】确认。关闭面板框，会发现定位轴线在全视图中是点画线。如图 2-9、图 2-10 和图 2-11 所示。

图 2-9　选择"特性"

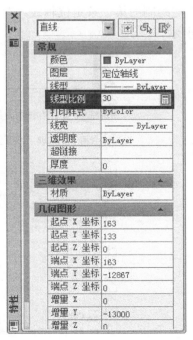

图 2-10　线型比例

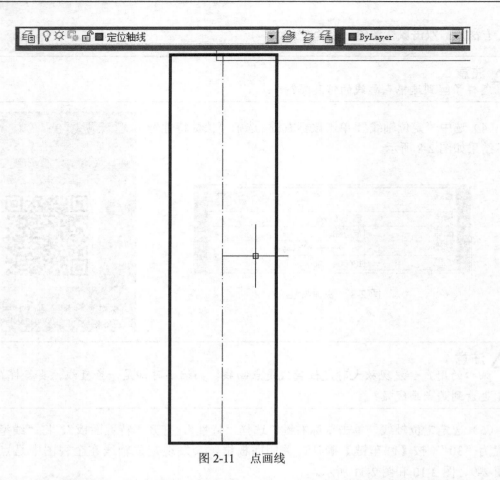

图 2-11　点画线

（6）选定绘制的第一条定位轴线，在"修改"命令栏中单击【复制】按钮，进行复制，如图 2-12 所示。

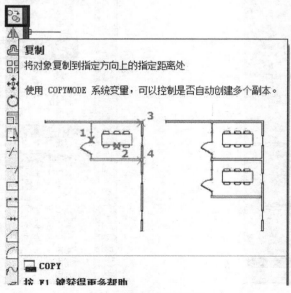

图 2-12　【复制】按钮

（7）根据提示指定基点，单击鼠标左键，可以在任意位置指定一点作为基点。向右进行偏移，输入偏移的数值，按【空格键】确认。例如手稿中，需要将第一条定位轴线向右偏移"2020"得到第二条定位轴线。按【Esc键】退出。

⚠ **注意**

两条定位轴线间的距离真的是"2020"吗？

（8）单击菜单栏中的【工具】按钮，在下滑栏的【查询】中选择【距离】，如图2-13所示。

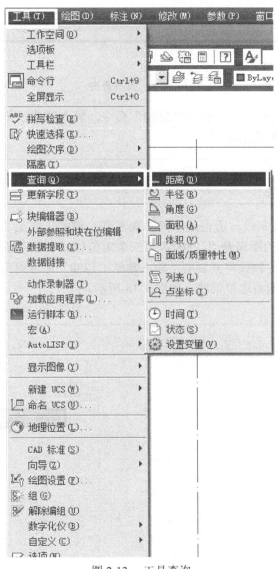

图2-13 工具查询

（9）按快捷键【F3】（说明：按快捷键【F3】可以"打开/关闭对象捕捉"），打开"对象捕捉"，捕捉两条定位轴线的端点，单击鼠标左键，命令行中会出现两条定位轴线间的距离，如图2-14所示。

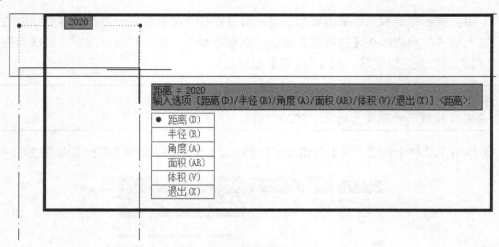

图 2-14　距离查询

（10）选定第二条定位轴线，通过"复制"命令，输入数值，得到第三条定位轴线，按此方法，进行其他定位轴线的绘制。

⚠️ **注意**

可不可以连续复制呢？

（11）可以，输入复制线与所得线之间距离总和。例如，在图 2-1 中，第二条定位轴线和第三条定位轴线之间的距离是"1280"，第三条定位轴线和第四条定位轴线之间的距离是"4200"，选定第二条定位轴线将其复制，输入数据"1280"即可得到第三条定位轴线，再输入"5480"即可得到第四条定位轴线，如图 2-15 所示。

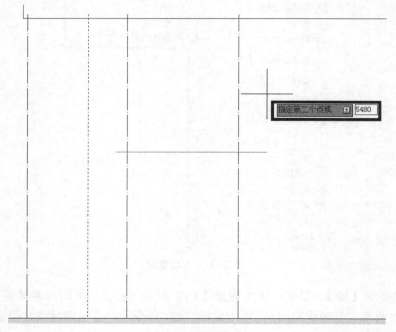

图 2-15　连续复制

📖 说明

　　在建筑构造与识图中，定位轴线编号时，26个英文字母只能用23个，其中 O、I、Z 不能用，因为它们会与阿拉伯数字中的 0、1、2 混淆。

三、绘制横向轴网

　　按照从左到右的顺序依次绘制完纵向定位轴线后，按照从下往上的顺序依次绘制横向定位轴线Ⓐ…Ⓖ。

　　（1）绘制第一条横向定位轴线，要求长度横跨整个房间，方便后面的构图。例如图2-1中，第一条横向定位轴线A，图中长度为"8340"，而在绘制时可以设置长度为"12000"。不同情况下有不同的长度设置，需要随机应变。

　　（2）与纵向定位轴线的绘制一样，单击【直线】按钮，选择合适一点，按快捷键【F8】打开正交，输入数值，完成第一条横向定位轴线的绘制，如图2-16所示。

微课视频**4**：

《绘制定位轴线3》

http://182.92.225.223/web/shareVideo/
index.action?id=1000068&ajax=1

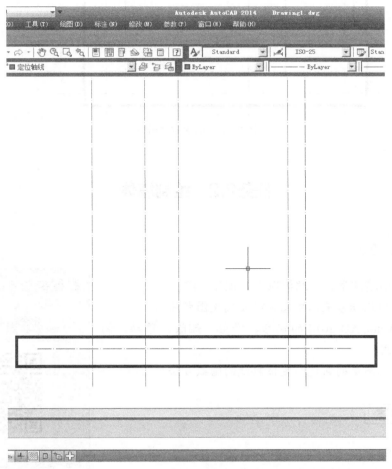

图2-16　横向定位轴线

（3）选定横向定位轴线，单击【复制】按钮，任选一点，输入数值，进行复制。依此类推，完成横向定位轴线的绘制，如图 2-17 所示。

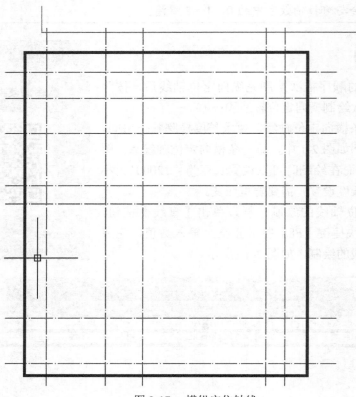

图 2-17　横纵定位轴线

任务2.2　绘制墙体

通过对本情境的学习，掌握以下知识和方法。

■ 了解室内原始家装图中墙体的正确制图顺序。

■ 掌握 AutoCAD 2014 的偏移、修剪、删除、移动、倒角等命令的应用。

■ 掌握墙体图层的新建和定位轴线的隐藏方法。

● 任务内容

在理解室内建筑制图标准的基础上，打开 AutoCAD

微课视频 5：

《绘制墙体 1》

http://182.92.225.223/web/shareVideo/
index.action?id=1000069&ajax=1

2014，通过绘制墙体学习并掌握偏移、修剪、删除、移动、倒角等命令的应用。

●实施条件

1．台式计算机或笔记本电脑。

2．AutoCAD 2014 正版软件。

一、绘制墙体图层

单击"图层面板"，打开"图层特性管理器"，新建一个图层，命名为"墙体"，颜色设置为"黑色"，线型设置为"直线"，并将"墙体"图层置为当前，关闭"图层面板"，如图 2-18 所示。

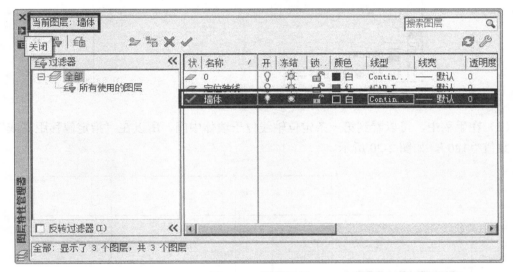

图 2-18　墙体图层

在图 2-1 所示的手绘图中，可以看到有粗墙体和细墙体，在建筑构造与识图中，粗墙体一般默认为 240 的墙体，细墙体作为非承重墙为 120 的墙体。

📖说明

当定位轴线在一个墙体的中轴线时，如果在承重墙的中间则需分别向两边偏移 120 的距离（因定位轴线并不一定在墙体的中心），在边上则需偏移 240 的距离；如果在非承重墙的中间则需分别向两边偏移 60 的距离，在边上则需偏移 120 的距离。

二、绘制墙体

以手绘稿为例，下面开始绘制墙体。

（1）选定"定位轴线 1"，利用新的命令"偏移"进行墙体绘制，单击【偏移】按钮，如图 2-19 所示。

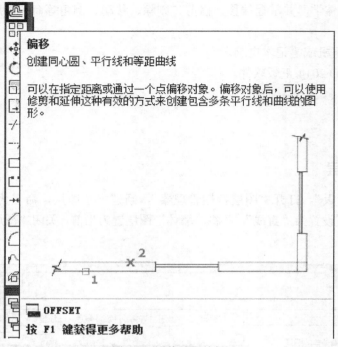

图 2-19 【偏移】按钮

（2）在手稿中，可以看到第一条定位轴线位于墙体中间，所以在"指定偏移距离或"后输入数值"120"，如图 2-20 所示。

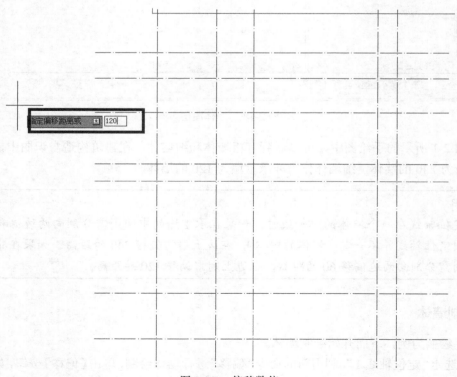

图 2-20   偏移数值

（3）按【空格键】确认。此时有了新的指令"指定要偏移那一侧上的点"（注意：这里表示偏移的方向），分别向左右进行偏移，得到墙体。第二条定位轴线位于墙体的左侧，所以只需将其向右偏移"120"就可以了。按此方法完成纵向墙体的绘制，如图2-21所示。

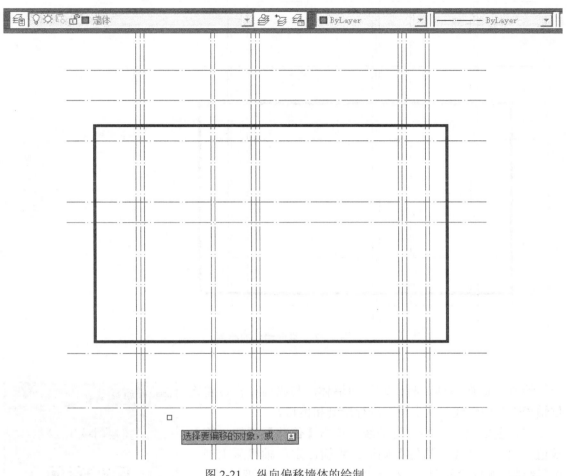

图2-21　纵向偏移墙体的绘制

（4）绘制墙体时，需要从左往右绘制和偏移。绘制完纵向墙体后，看到图中全部为定位轴线，此时，选中偏移的墙体线，在图层的下滑栏中，选中"墙体"图层，按【Esc键】退出，将看到黑色直线的墙体，如图2-22所示。

⚠ **注意**

仔细观察手绘图，会发现在第三条定位轴线和第四条定位轴线处的墙体有一部分为非承重墙，只需要由定位轴线向左右分别偏移"60"。所以运用命令"偏移"对定位轴线进行偏移，再选定偏移的墙体线，将图层设置为"墙体"。

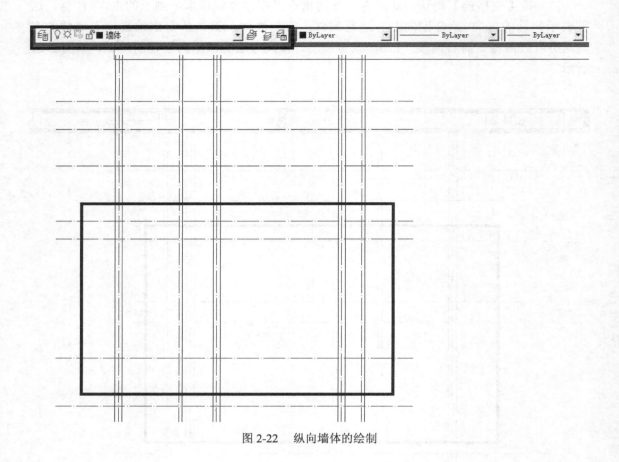

图 2-22　纵向墙体的绘制

绘制完纵向墙体，将绘制横向墙体，与纵向一样，将定位轴线作为中轴线，从上往下进行绘制和偏移。

（5）选定最上面的定位轴线，单击【偏移】按钮，输入数值"120"，按【空格键】确认。将横向定位轴线从上到下进行绘制，观察手绘图，会看到"定位轴线 A"处于阳台位置，是非承重墙，只需上下偏移"60"就可以了。选中偏移得到的墙体线，将其设置为"墙体"图层，按【Esc 键】退出，如图 2-23 所示。

（6）在手绘图中可以看到第二条定位轴线和第五条定位轴线分别与墙体重合，所以这需要单独进行绘制。选定第二条定位轴线右侧的墙体线，利用"偏移"命令，将其向左偏移"120"，同样，将第五条定位轴线右侧的墙体线向左偏移"120"，按【Esc 键】退出，完成墙体的绘制，如图 2-24 所示。

微课视频 6：

《绘制墙体 2》

http://182.92.225.223/web/shareVideo/
index.action?id=1000070&ajax=1

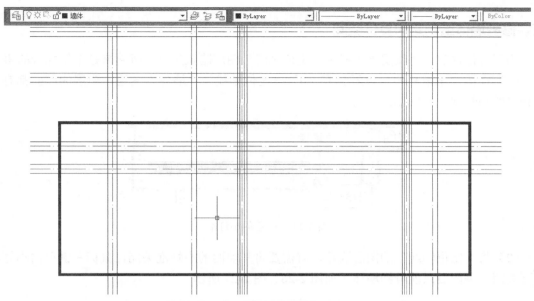

图 2-23 横向墙体的绘制

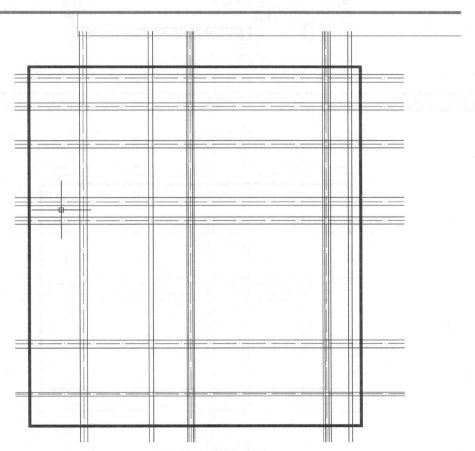

图 2-24 墙体的绘制

三、修剪墙体绘制室内具体空间

为了方便修剪，将图层下滑栏中"定位轴线"图层隐藏起来。听起来是个很神奇的事。

（1）在图层下滑栏中可以看到有"0"、"定位轴线"、"墙体"图层，图层的前面都有一个亮着的小灯泡，如图 2-25 所示。

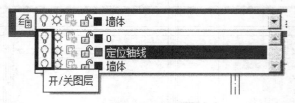

图 2-25　亮着的小灯泡

（2）将"定位轴线"的图层隐藏，就需要将其前面的小灯泡关闭，鼠标左键单击小灯泡即可关闭，关闭后只能看到墙体，如图 2-26、图 2-27 所示。

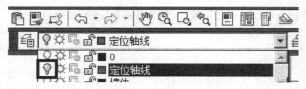

图 2-26　关闭的小灯泡

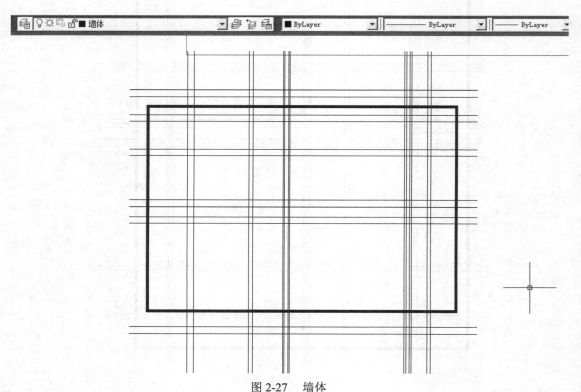

图 2-27　墙体

说明

修剪墙体，就是将图 2-27 中看起来比较凌乱的线条修剪成图 2-1 手绘图中有型的墙体。像园丁修剪花木一样，是个耐心活儿。

修剪的顺序是从左上角往右下角修剪，在建筑 CAD 制图中往往有许多定位轴线，并不像图 2-1 这样看起来这么清晰明了，如果不按顺序来将会错误百出。

⚠ 注意

掌握好作图顺序和步骤是节省时间，提高制图正确率的有效途径。

（3）将墙体全部选中，这里有两种方式。

方式一是鼠标单击墙体左下角向右上角滑动，将看到绿色的图框，在右上角鼠标单击一下就会选定绿色图框所接触的所有墙体线，如图 2-28、图 2-29 所示。

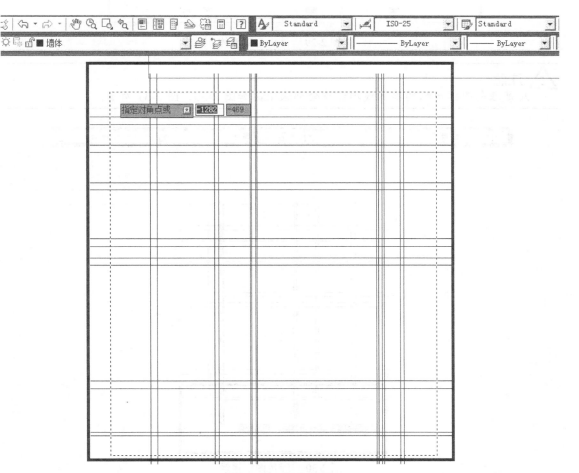

图 2-28　绿色图框

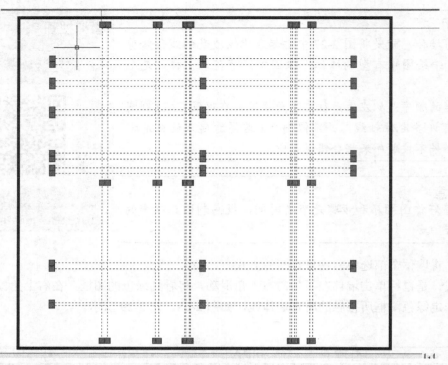

图 2-29   选中全部墙体

⚠️ **注意**

凡是绿色图框接触的墙体线均会被全部选中，如图 2-30、图 2-31 所示。

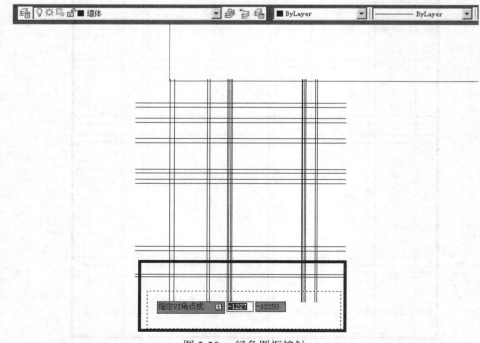

图 2-30   绿色图框接触

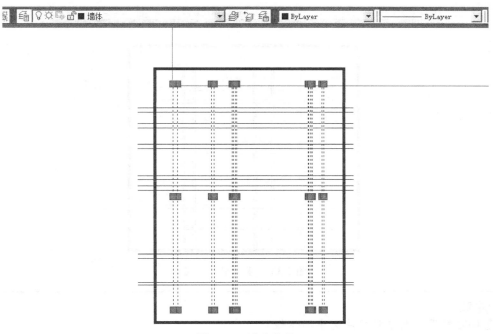

图 2-31　选中的线

⚠ **注意**

为什么要选定左下角向右上角滑动？不能右上角向左下角滑动吗？

（4）鼠标点击墙体右上角滑向左下角会看到图框的颜色是蓝色的，而不是绿色，鼠标单击左下角，图框消失，墙体线也没有被选中，如图 2-32、图 2-33 所示。

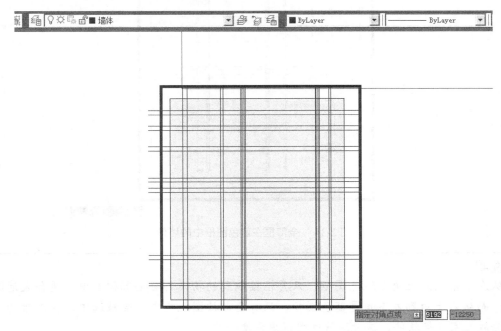

图 2-32　蓝色的图框

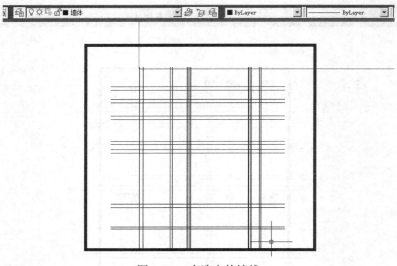

图 2-33　未选中的墙线

 注意

怎样才能用上面这种方法选中墙体线？

　　用鼠标单击墙体的右上角，将墙体全部框在蓝色的图框中，如图 2-34 所示。鼠标单击左下角，会看到墙体全部被选中。这也是第二种全部选中墙体的方式。

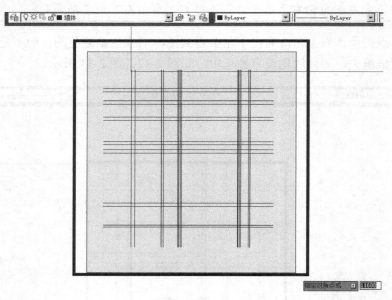

图 2-34　全部框在蓝色图框中的墙体

📖 **说明**

　　从左下角到右上角是绿色图框，只要框接触到的物体都会全部被选中，适合大范围的选择；而从右上角到左下角是蓝色图框，只有全部被图框框中才会被选中，在以后的制图中将会放入家具等物件，这时用蓝色图框更方便一些。

（5）用上述任一方法，将墙体全部选中。执行"修剪"命令，如图 2-35 所示。

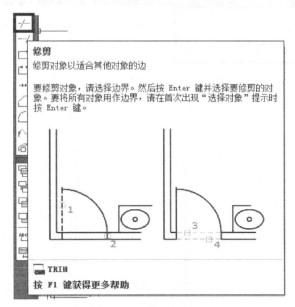

图 2-35 【修剪】按钮

（6）单击【修剪】按钮，看到图中的墙体全部变为虚线，如图 2-36 所示。

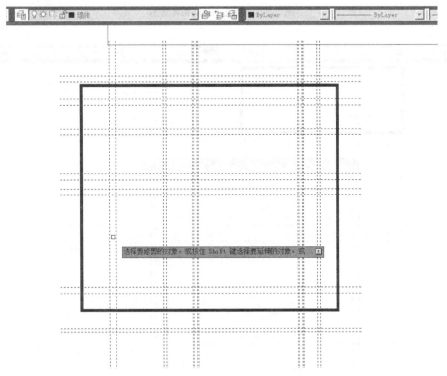

图 2-36 虚线的墙体

（7）用绿色图框进行修剪，按照图 2-1 所示，修剪掉多余的墙体，如图 2-37 和图 2-38 所示。

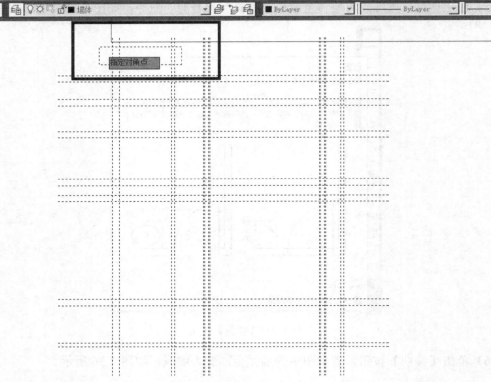

图 2-37　绿色图框辅助修剪

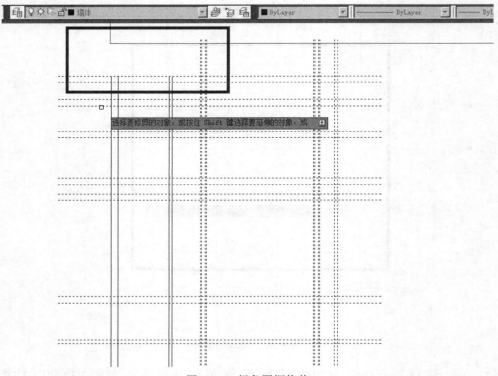

图 2-38　绿色图框修剪

（8）按照此方法和单线选中修剪的方法进行修剪。在修剪过程中，如果与手绘图对比发现修剪错误，如图2-39所示。

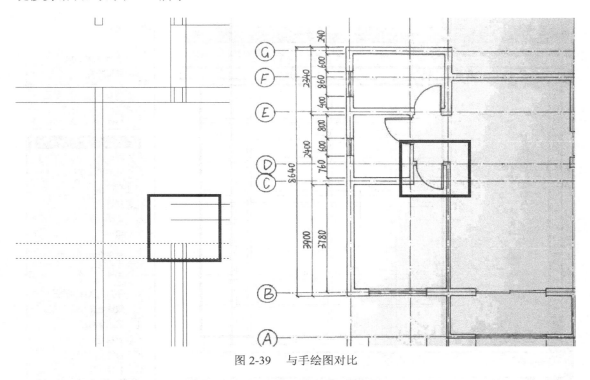

图2-39　与手绘图对比

（9）可以单击【放弃】（快捷键：Ctrl+Z）按钮，进行撤销，返回原图，如图2-40和图2-41所示。

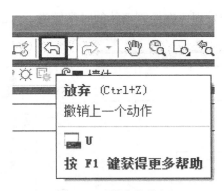

图2-40　【放弃】按钮

⚠️ **注意**

　　如果在修剪过程中不小心误删了，又不想单击【放弃】按钮撤销重做（只要单击【放弃】就会将前面连续修剪掉的线条重新复原）。如果不想重来，就需要修剪几处，立马按【ESC键】退出，以表示本步操作步骤的保存。之后重新全部选中需要修剪的部位，继续修剪，这样就不至于因修剪错误导致从头再来，从而减少工作时间。

（10）在修剪过程中可以看到有些地方修剪不掉，那么可以选中修剪不掉的地方，按键盘上的【Delete 键】删除，也可以选中修剪不掉的地方，鼠标右击，选择"删除"，如图 2-42 所示。

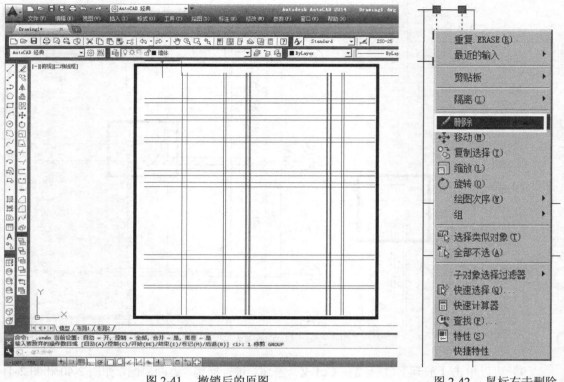

图 2-41　撤销后的原图 　　　　　　　　　　　图 2-42　鼠标右击删除

（11）如果在修剪过程中发现，在绘制墙体的时候做错了一部分，如图 2-43 所示。

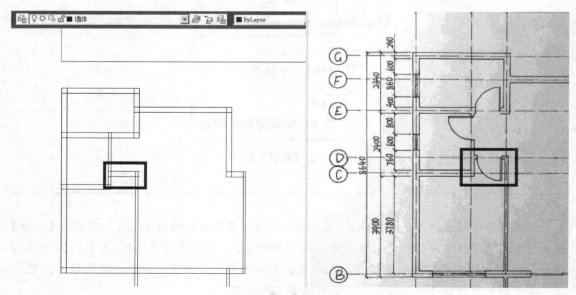

图 2-43　绘制墙体错误

（12）可以单击【移动】按钮，将绘制错误的直线进行移动，例如图 2-43 中绘制错误的墙体，选定上墙体，单击【移动】按钮，将其向下移动"60"，再选定下墙体，单击【移动】按钮，将其向上移动"60"，就可以了，如图 2-44、图 2-45 所示。

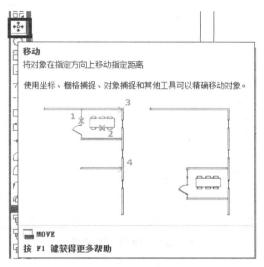

图 2-44 【移动】按钮

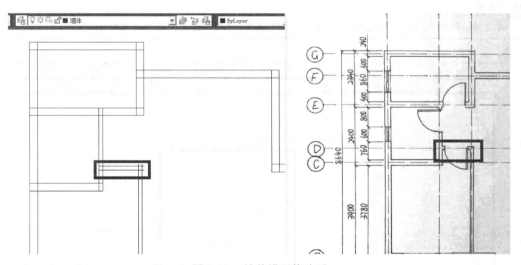

图 2-45 墙体错误修改后

（13）在绘制的图中，看到墙体各处还有交错的墙体线，执行"倒角"命令，将其进行修改，如图 2-46 和图 2-47 所示。

图 2-46 【倒角】按钮

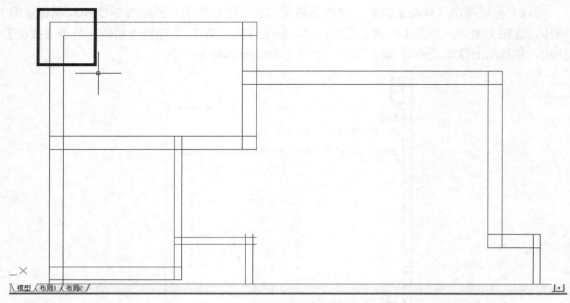

图 2-47　倒角使用效果

⚠️ **注意**

图 2-48 中的墙体是不是也可以执行"倒角"命令呢?

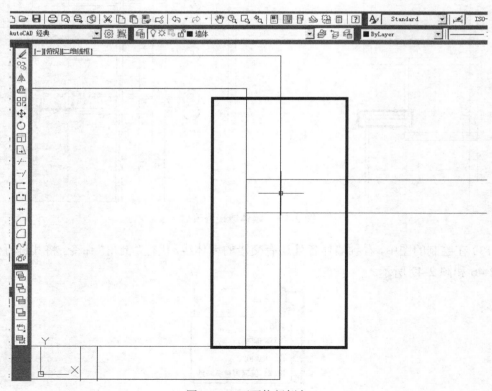

图 2-48　可否执行倒角

可以尝试一下，会发现与想要的不同，倒角过后就相当于把墙体线截取了，所以在此处应用"修剪"命令进行墙体修剪，如图2-49所示。

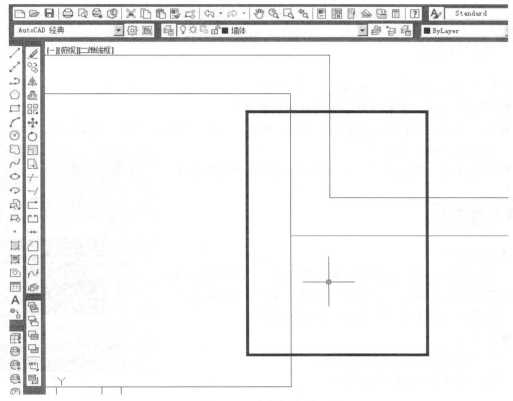

图2-49 执行倒角后

（14）修剪完后会得到一个有型的墙体，如图2-50所示。

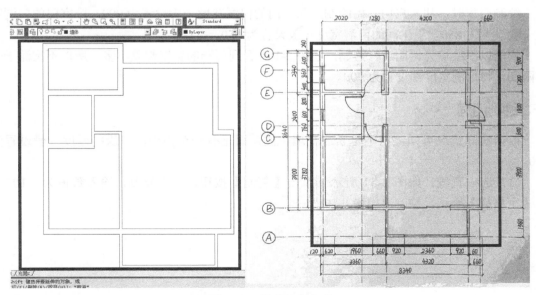

图2-50 墙体绘制完成

任务2.3　绘制门窗

 学习目标

通过对本情境的学习，掌握以下知识和方法。

◻ 了解室内原始家装图中门窗的正确制图顺序。

◻ 掌握 AutoCAD 2014 的复制、修剪、延伸、矩形、圆弧、旋转、镜像、打断于点、对象捕捉等命令的应用。

◻ 掌握新建门窗图层的方法和图层颜色的正确使用方法。

任务描述

● 任务内容

在理解室内建筑制图标准的基础上，打开 AutoCAD 2014，通过绘制门窗学习掌握复制、修剪、延伸、矩形、圆弧、旋转、镜像、打断于点、对象捕捉等命令的应用。

● 实施条件

1．台式计算机或笔记本电脑。

2．AutoCAD 2014 正版软件。

微课视频 8：

《绘制平开门》

http://182.92.225.223/web/shareVideo/
index.action?id=1000072&ajax=1

任务实施

绘制门窗时，从入户门开始绘制，入户门的门洞宽度一般设置为 900，卧室门的门洞宽度一般设置为 850，卫生间的门洞宽度一般设置为 650。

依然以手绘稿为例图进行绘制。在图 2-1 中看到门洞的宽度都差不多，所以不拘泥于规格限制，将门洞宽度都设置为 900。

一、绘制门洞

根据实际情况可知，门不是紧靠在墙上的，而是有一个门垛，门垛的厚度一般设置为 100。

（1）选中直线，如图 2-51 所示。单击【复制】按钮，向上复制，输入数值为 "100"，按【空格键】确认，绘制出门垛。

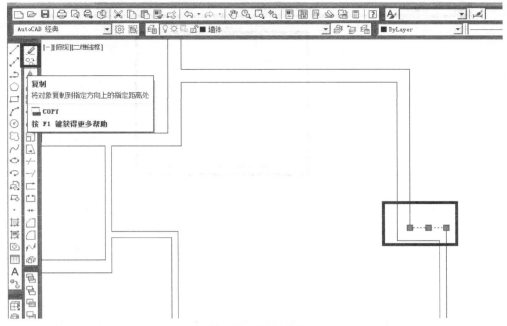

图 2-51　选中直线

（2）选中门垛线，会出现 3 个蓝色的点，当鼠标触到点时，点会变成橙色，单击点会变成红色，将其进行拉伸，如图 2-52 所示。再次单击【复制】按钮，将门垛线向上复制，输入数值为"900"，绘制成门洞宽度，如图 2-53 所示。

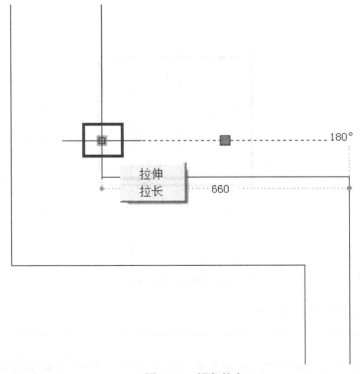

图 2-52　橙色的点

45

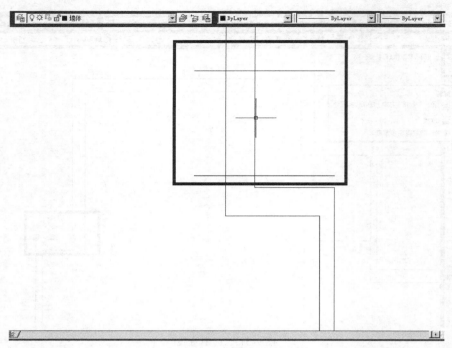

图 2-53　绘制门洞

（3）单击【修剪】按钮，修剪掉多余的线条，如图 2-54 所示。

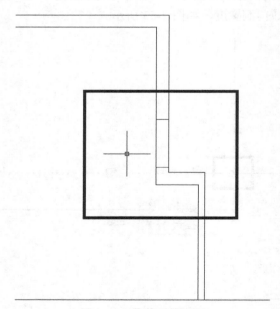

图 2-54　修剪后的门洞

重复以上步骤完成其他门洞的绘制。

📖 说明

在复制直线绘制出门垛后也可以连续复制，输入数值"1000"绘制出门洞宽度。

（4）在绘制厨房的门洞时，复制完成后，选定需要延伸到的直线，单击【延伸】按钮，如图 2-55 所示。

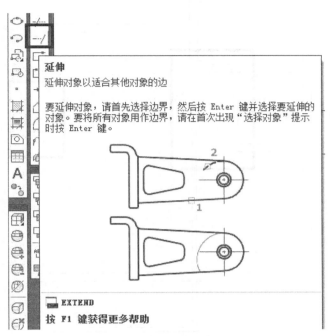

图 2-55 【延伸】按钮

（5）根据提示单击需要延伸的直线，延伸完成后按【Esc 键】退出，如图 2-56 所示。

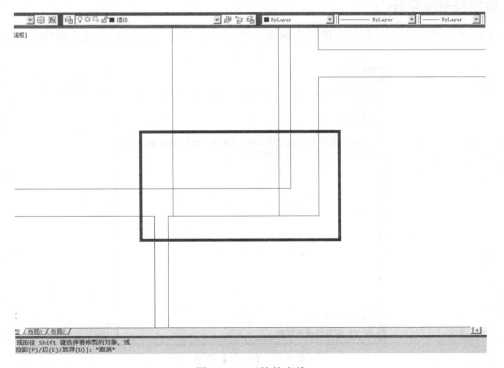

图 2-56 延伸的直线

（6）运用上述方法完成门洞绘制，如图 2-57 所示。

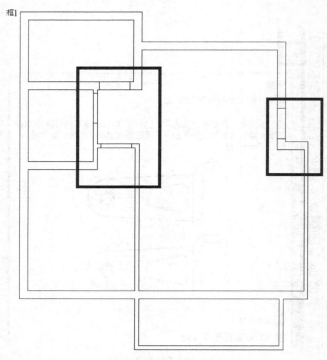

图 2-57　门洞绘制完成

二、绘制与安放平开门

（1）执行"矩形"命令，矩形是由两个点组成的，单击【矩形】按钮，如图 2-58 所示。

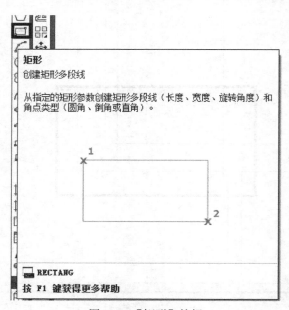

图 2-58　【矩形】按钮

（2）选中第一个点，输入具体数值"900"，按键盘上的【,】键，如图2-59所示。输入第二个数值"50"，输入第二个值时，第一个数值会被小锁锁住，如图2-60所示（注意，输入","时应在英文输入模式下）。按【空格键】确认，完成一个900长、50宽的门的绘制，如图2-61所示。

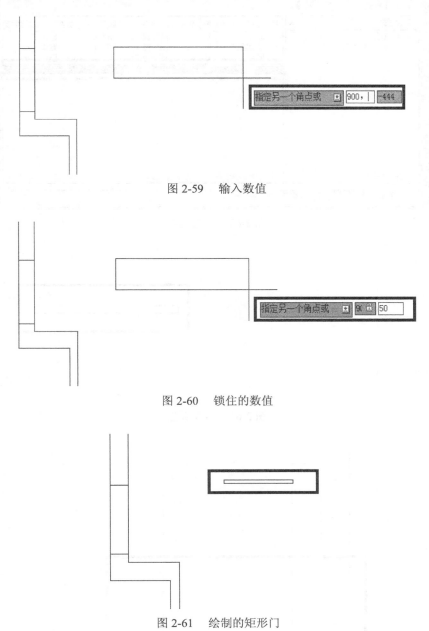

图 2-59　输入数值

图 2-60　锁住的数值

图 2-61　绘制的矩形门

（3）新建图层"门窗"，颜色设置为"青"，线型为"直线"，并将其设置为"当前图层"，如图2-62所示。

（4）选中绘制的矩形，将其置为"门窗"图层，为了打印时显示更清楚，将门的颜色由"青"变为"蓝"，在"图层特性管理器"中也将其颜色改为"蓝"，如图2-63所示。

（5）打开"定位轴线"图层，选定绘制的矩形门，单击【移动】按钮，按快捷键【F3】

打开"＜对象捕捉 开＞"，将其移动到合适位置，如图 2-64 所示。

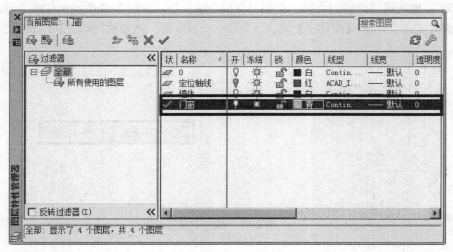

图 2-62　门窗图层

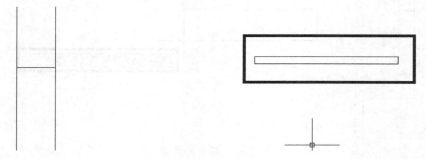

图 2-63　改变颜色

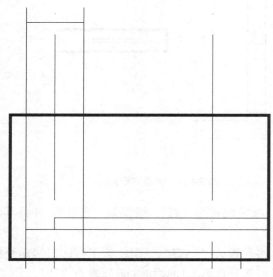

图 2-64　门的合适位置

（6）执行"圆弧"命令，如图 2-65 所示。

（7）单击【圆弧】按钮，圆弧由三个点构成，单击鼠标左键捕捉门的右上角的位置为第一个点，单击鼠标左键捕捉上门洞的中轴线为第二个点，单击鼠标左键捕捉上门洞的左端点为第三个点，完成圆弧的绘制，如图 2-66 所示。

图 2-65 【圆弧】按钮

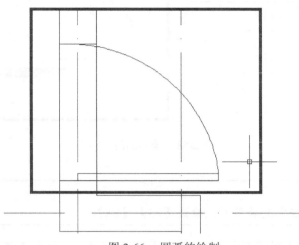

图 2-66 圆弧的绘制

（8）选中做好的门（注意：包括圆弧），单击【复制】按钮进行复制，选中复制的门，单击【旋转】按钮，如图 2-67 所示。旋转至需要的方向，按快捷键【F8】可以直角旋转至需要的方向，如图 2-68 所示。单击【移动】按钮，将其移动到合适位置。

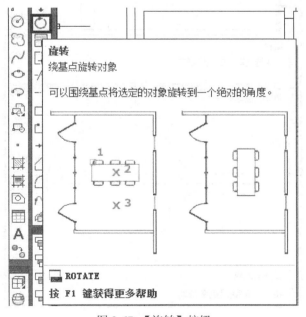

图 2-67 【旋转】按钮

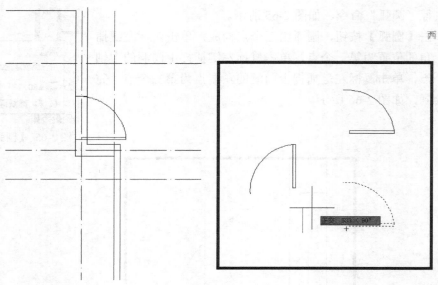

图 2-68　旋转的门

⚠️ **注意**

在绘制过程中，会经常交替用到快捷键【F3】、【F8】。

　　（9）当遇到呈镜面对称出现的图形时，可执行"镜像"命令，如图 2-69 所示。单击【镜像】按钮，单击鼠标左键选中一点进行镜像，出现"要删除源对象吗"，若输入"Y"，按【空格键】确认，源对象将被删除相反，若输入"N"，按【空格键】确认，则保留源对象，如图 2-70 所示。单击【移动】按钮，移动到合适位置。

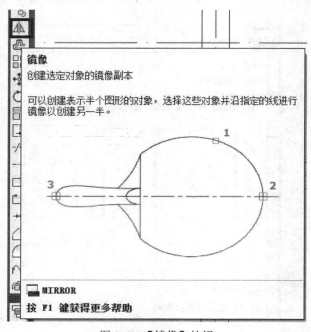

图 2-69　【镜像】按钮

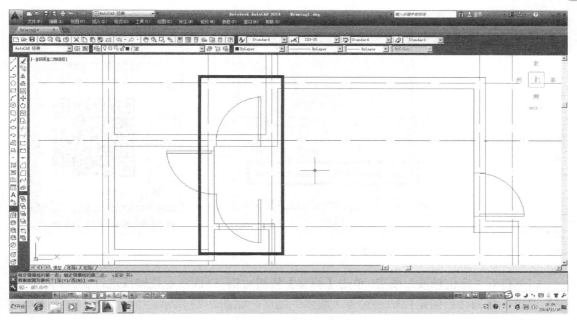

图 2-70　镜像的门

（10）关闭"定位轴线"图层，选定全部图形，单击【修剪】按钮，修剪掉多余的直线。完成门的绘制，如图 2-71 所示。

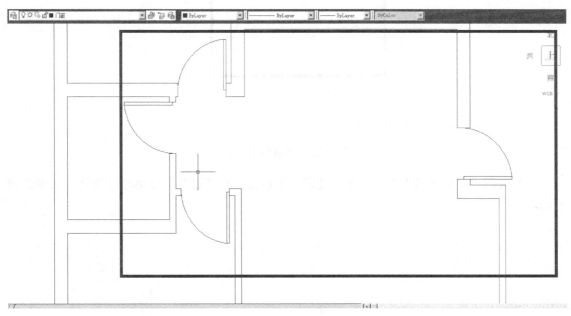

图 2-71　绘制完成的门

三、绘制推拉门

在手绘图中可以看到在客厅通往外阳台处有个推拉门，由第三条定位轴线和第四条定位轴线，分别向内侧偏移 920，如图 2-72 所示。

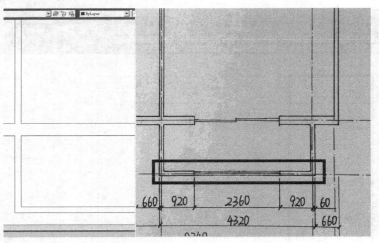

图 2-72　绘制推拉门 ①

微课视频 9:

《绘制推拉门》

http://182.92.225.223/web/shareVideo/
index.action?id=1000073&ajax=1

（1）打开"定位轴线"图层，单击【偏移】按钮对第三、四条定位轴线进行偏移，按【Esc键】退出，将偏移后的定位轴线置为"墙体"图层，如图 2-73 所示。

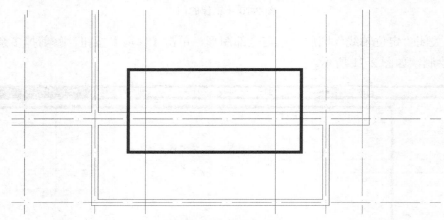

图 2-73　绘制推拉门 ②

（2）关闭"定位轴线"图层，单击【修剪】按钮，对新绘制的墙体进行修剪，如图 2-74 所示。

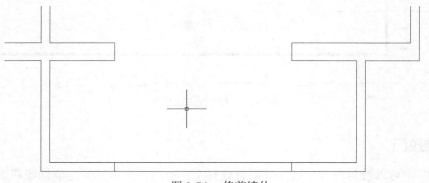

图 2-74　修剪墙体

（3）墙体间的距离是 2360，平分后得到"1180"，单击【复制】按钮，复制两边任一墙体，数值设置为"1180"，绘制出两墙体的中线，打开"定位轴线"图层，如图 2-75 所示。

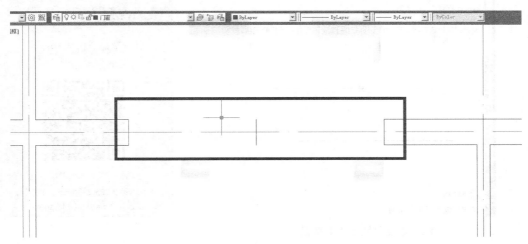

图 2-75　复制墙体

（4）单击【矩形】按钮，输入"1180，50"绘制长为 1180、宽为 50 的矩形，按【空格键】确认，单击【复制】按钮，复制绘制的矩形框，选中复制的矩形框，单击【移动】按钮，移动到合适位置，并删除两墙体间的中线，完成推拉门的绘制，如图 2-76 所示。

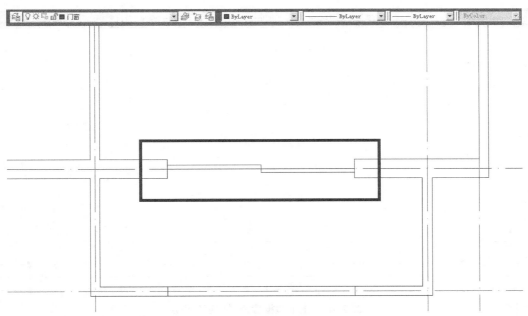

图 2-76　推拉门

四、绘制窗户

首先绘制阳台上的窗户。

（1）选定下面的一条直线，执行"打断于点"命令，如图 2-77 所示。

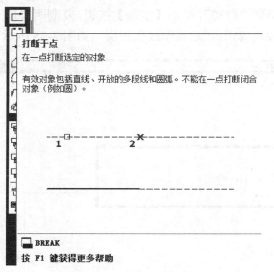

图 2-77 【打断于点】按钮

微课视频 10：

《绘制窗户》

http://182.92.225.223/web/shareVideo/
index.action?id=1000074&ajax=1

（2）单击【打断于点】按钮，根据提示，单击鼠标左键选择要打断的直线对象，单击鼠标左键选择要打断的第一个点，重复 4 次"打断于点"命令绘制完成窗户的上下边框，单击鼠标左键选中上下边框置为"门窗"图层，如图 2-78 所示。

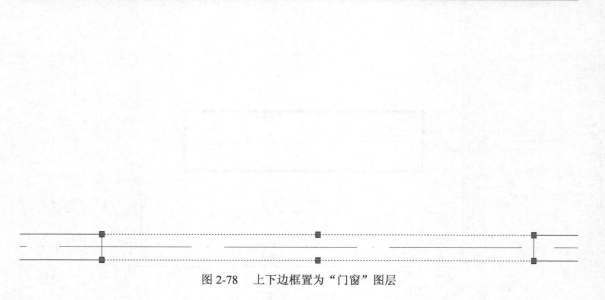

图 2-78　上下边框置为"门窗"图层

（3）因为墙是 120 的墙，单击【偏移】按钮，输入偏移数值"40"，按【空格键】确认，将窗框上下两线分别向下、向上偏移，将墙分为三等份，按【Esc 键】退出，如图 2-79 所示。

（4）重复上述步骤完成所有窗户的绘制，如图 2-80 所示。

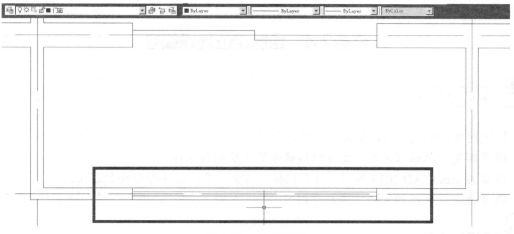

图 2-79　偏移窗框

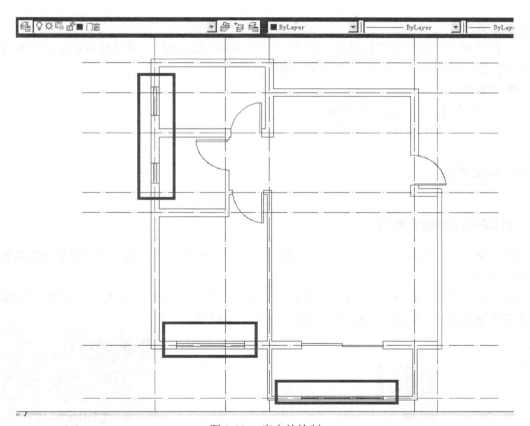

图 2-80　窗户的绘制

⚠ 注意

　　有时复制的不一定是定位轴线，也可能是墙体，要看清图纸，细心绘制。当遇到墙体是 240 墙时，平分成三等份，偏移数值将设置为"80"。有时也会用到"延伸"命令，所以需要灵活运用所学的知识和命令。

任务2.4 绘制定位轴线编号

学习目标

通过对本情境的学习，掌握以下知识和方法。

☑ 了解室内原始家装图中定位轴线编号的正确制图顺序。

☑ 掌握 AutoCAD 2014 的圆、对象捕捉、正交、多行文字等命令的应用。

☑ 掌握定位轴线编号的方法和原则。

任务描述

● 任务内容

在理解室内建筑制图标准的基础上，打开 AutoCAD 2014，通过绘制定位轴线编号学习并掌握圆、对象捕捉、正交、多行文字等的应用。

● 实施条件

1. 台式计算机或笔记本电脑。

2. AutoCAD 2014 正版软件。

任务实施

一、绘制定位轴线编号圈

在图纸中可以看到每条定位轴线都有编号，定位轴线的编号是为了确定建筑物的具体位置而编制的。

（1）执行"圆"命令，单击【圆】按钮，单击鼠标左键确定圆心，输入半径数值为"300"，按【空格键】确认，完成圆的绘制，如图 2-81 和图 2-82 所示。

图 2-81 【圆】按钮

微课视频 11：

《绘制定位轴线编号》

http://182.92.225.223/web/shareVideo/
index.action?id=1000075&ajax=1

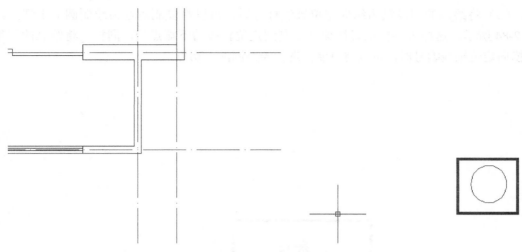

图 2-82　半径为 300 的圆的绘制

（2）选定绘制的圆，单击【复制】按钮，选定圆的切点将圆复制到定位轴线的下端点和左端点，删除绘制的圆，完成定位轴线编号圈的绘制，如图 2-83 所示。

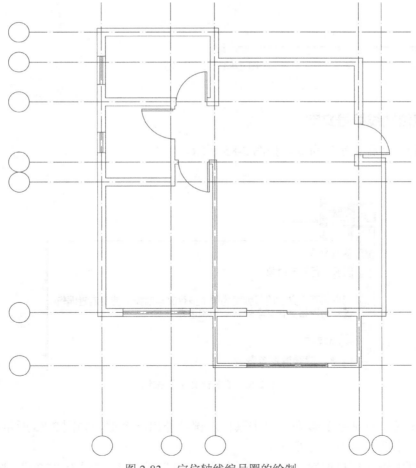

图 2-83　定位轴线编号圈的绘制

（3）将绘制的圆复制为纵向定位轴线标号时，可以将复制点选为绘制圆的上切点，如图 2-84 所示。这样可以更准确快速地复制到定位轴线的下端点处，同样，将绘制的圆复制为横向定位轴线编号时，可以将复制点选为绘制圆的右切点。

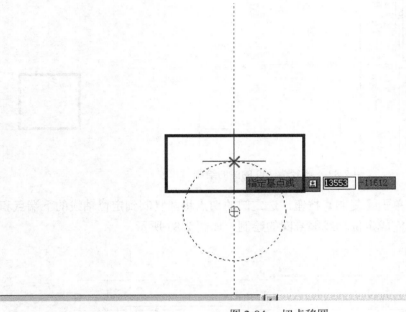

图 2-84　切点移圆

二、绘制定位轴线编号文字

（1）执行"多行文字"命令，如图 2-85 所示。

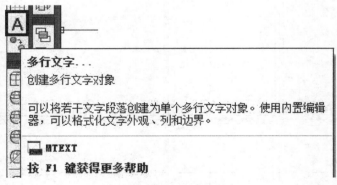

图 2-85　【多行文字】按钮

（2）单击【多行文字】按钮，单击鼠标左键拉伸出一个框，如图 2-86 所示，再单击鼠标左键出现一个框，如图 2-87 所示。

（3）在框中输入阿拉伯数字"1"，选中数字"1"，将高度设置为"300"，按【回车键】

查看，单击【确定】按钮退出，如图 2-88 所示。若想继续调整，可鼠标左键双击数字"1"
进行调整。

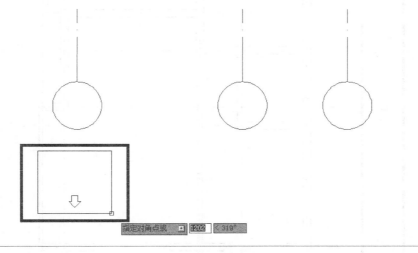

图 2-86 多行文字鼠标拉伸框

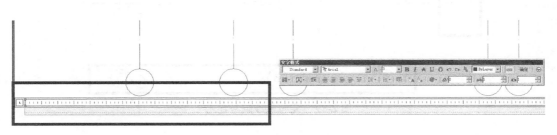

图 2-87 多行文字输入框

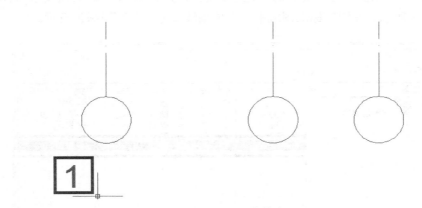

图 2-88 调整数字

（4）选中数字"1"，单击【复制】按钮，将其复制到每一个定位轴线编号的圆内。2014
版本的 AutoCAD 相比之前的版本更智能，会自动捕捉位置。鼠标左键双击数字，改为需要
的数字和字母，完成定位轴线编号的绘制，如图 2-89 所示。

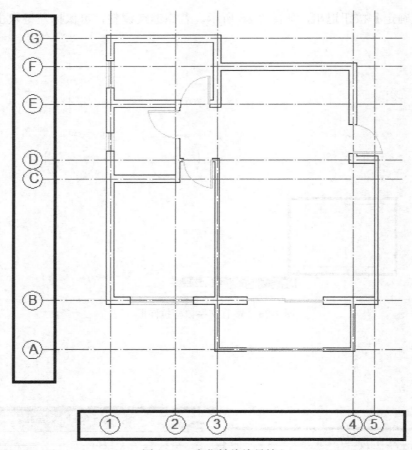

图 2-89　　定位轴线编号输入

（5）打开"图层特性管理器"，新建图层"定位轴线编号"，颜色设置为"绿"，线型为"直线"，将其置为当前图层。选中绘制的"定位轴线编号"，置为"定位轴线编号图层，如图 2-90、图 2-91 所示。在国家标准图纸中，定位轴线编号颜色都用绿色表示。

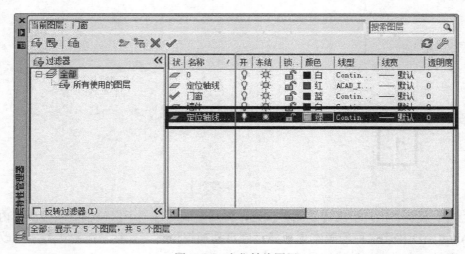

图 2-90　　定位轴线图层

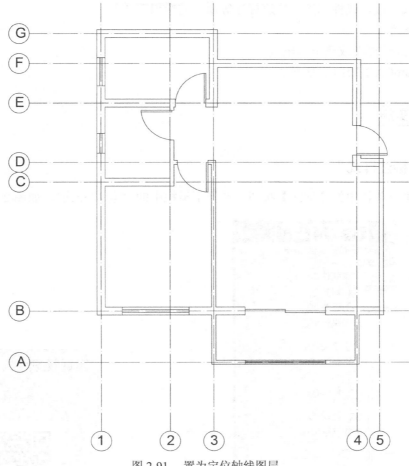

图 2-91　置为定位轴线图层

任务2.5　尺寸标注

通过对本情境的学习，掌握以下知识和方法。

☑ 了解室内原始家装图中尺寸标注的正确制图顺序。

☑ 掌握 AutoCAD 2014 的标注样式修改、线性标注、快速标注等命令的应用。

☑ 把握好尺寸标注的美观性。

● 任务内容

　　在理解室内建筑制图标准的基础上，打开 AutoCAD 2014，通过绘制标注尺寸学习并掌握标注样式修改、线性标注、快速标注等命令的应用。

● 实施条件

1. 台式计算机或笔记本电脑。

2. AutoCAD 2014 正版软件。

一、设置"标注样式"

（1）单击菜单栏中的【标注】按钮，选择下滑栏中的"标注样式"，如图 2-92 所示。

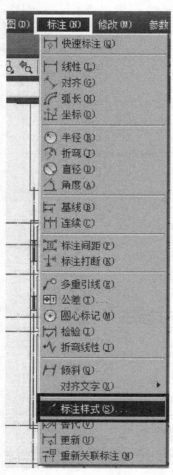

微课视频 12:

《尺寸标注》

http://182.92.225.223/web/shareVideo/
index.action?id=1000076&ajax=1

图 2-92　标注样式

（2）打开"标注样式管理器"，如图 2-93 所示。单击【修改】按钮，打开"修改标注样式：ISO-25"，在"线"选项卡中，将"尺寸线"的颜色设置为"绿"色，将"尺寸界线"的颜色设置为"绿"色，将"超出尺寸线"设置为"50"，将"起点偏移量"设置为"50"，如图 2-94 所示。

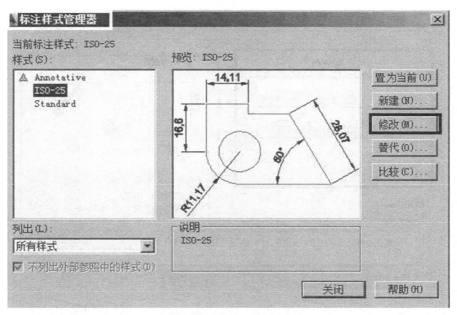

图 2-93　标注样式管理器

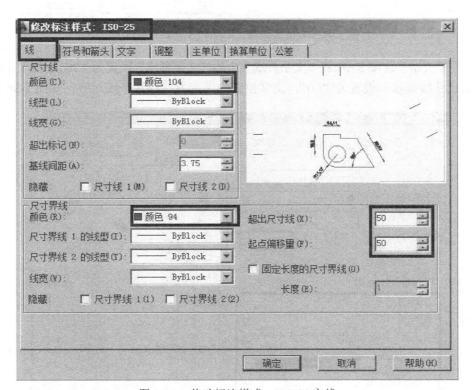

图 2-94　修改标注样式：ISO-25 之线

（3）在"符号和箭头"选项卡中，将"箭头"中"第一个"设置为"建筑标记"，"第二个"设置为"建筑标记"，"引线"不变为"实心闭合"，"箭头大小"设置为"50"，将"圆心标记"设置为"无"，如图 2-95 所示。

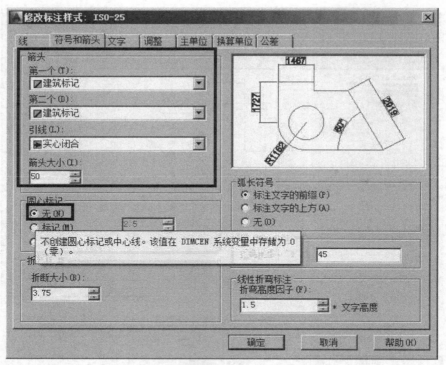

图 2-95　修改标注样式：ISO-25 之符号和箭头

（4）在"文字"选项卡中，将"文字外观"中的"文字高度"设置为"260"，将"文字位置"中的"从尺寸线偏移"设置为"30"，文字位置位于上方，与水平线对齐，如图 2-96 所示。

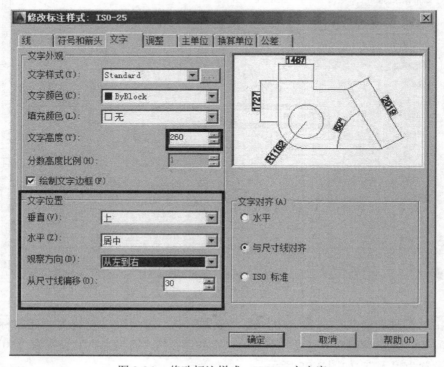

图 2-96　修改标注样式：ISO-25 之文字

（5）在"主单位"选项卡中，将"线性标注"中的"精度"设置为"0"，如图 2-97 所示。

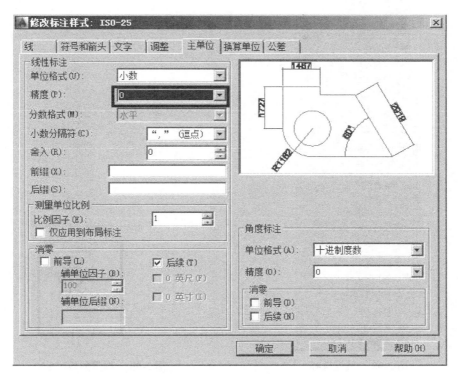

图 2-97　修改标注样式：ISO-25 之主单位

⚠️ **注意**

"调整""换算单位""公差"均为默认值，不需变动。

单击【确定】按钮退出"修改标注样式：ISO-25"，单击【关闭】按钮退出"标注样式管理器"。

二、尺寸线性标注与快速标注

（1）单击菜单栏中的【标注】按钮，选择下滑栏中的"线性"，如图 2-98 所示。

（2）选中"定位轴线 G"和"定位轴线 F"进行标注，在一个框里看到数字"900"，如图 2-99 所示。

（3）要对其进行修改，打开"标注样式管理器"进入"修改标注样式：ISO-25"，在"文字"选项卡中将"文字外观"中的"绘制文字边框"关闭，如图 2-100 所示。

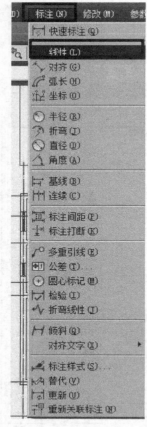

图 2-98   线性选择

图 2-99   框里的数字 900

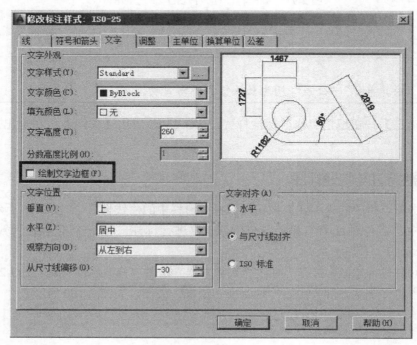

图 2-100   关闭绘制文字边框

（4）图中看到数字"900"为"蓝"色，需要将它设置为"黑"色。所以要建一个新的图层，打开"图层特性管理器"新建图层"尺寸标注"，颜色设置为"黑"色，线型为"直线"，将其设置为当前图层，如图 2-101 所示，进行尺寸标注。

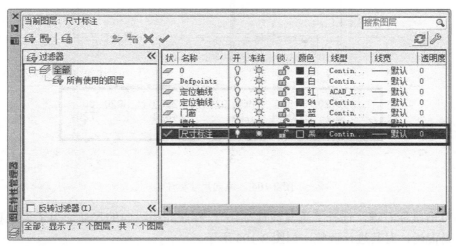

图 2-101　尺寸标注图层

（5）标注尺寸要先标小后标大。标注纵向尺寸时，按照从左到右的顺序，标注横向尺寸时，按照从上到下的顺序，如图 2-102、图 2-103、图 2-104 所示。

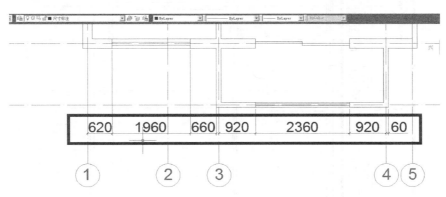

图 2-102　纵向尺寸标注 ①

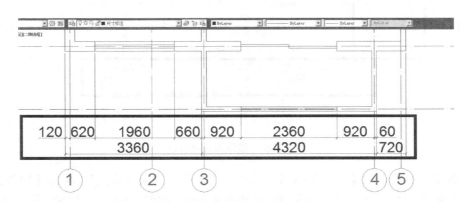

图 2-103　纵向尺寸标注 ②

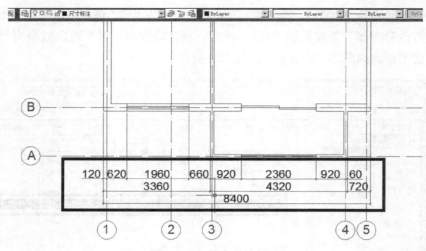

图 2-104　纵向尺寸标注

　　（6）单击鼠标右键，选择"重复线性标注"，标注完横纵向的尺寸，为了美观和在黑白复印时不易混淆，对其进行调整，如图 2-105 所示。

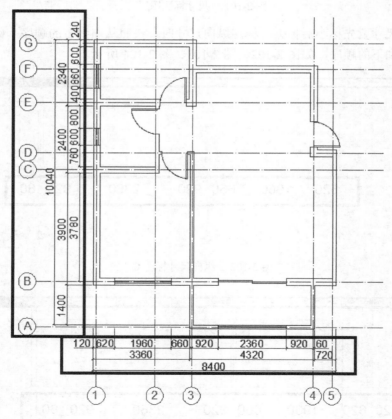

图 2-105　横纵向尺寸标注

　　（7）单击菜单栏中的【标注】按钮，选择下滑栏中的"快速标注"。单击【矩形】按钮，对图做一个修剪，修剪掉过长的定位轴线，使图更加美观，如图 2-106、图 2-107、图 2-108 所示。

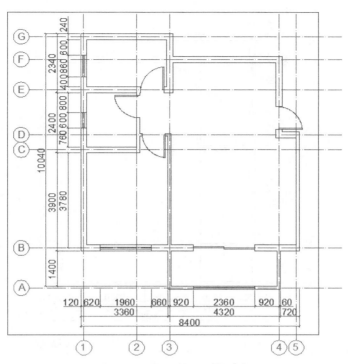

图 2-106　矩形辅助框

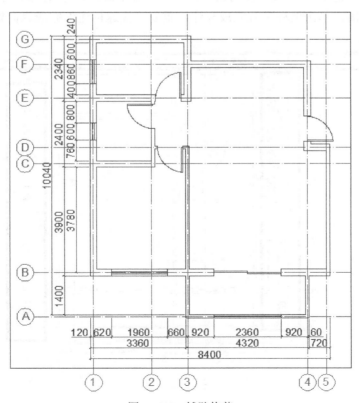

图 2-107　辅助修剪

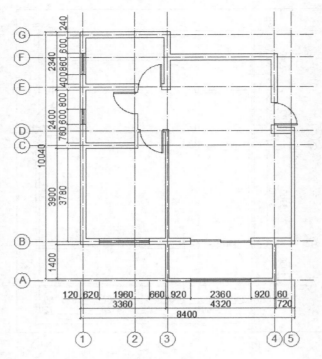

图 2-108　修剪后的定位轴线

（8）执行"快速标注"，选中横向定位轴线，按【空格键】，按住鼠标左键在定位轴线右端向右拖一定距离，单击鼠标左键完成标注，重复"快速标注"完成纵向定位轴线的标注，如图 2-109 所示。

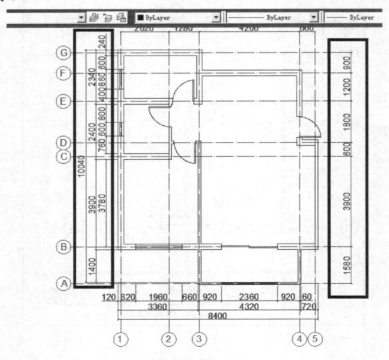

图 2-109　标注纵向定位轴线

任务2.6 标注图名与比例

通过对本情境的学习，掌握以下知识和方法。

☐ 了解室内原始家装图中图名与比例的正确制图顺序。

☐ 掌握 AutoCAD 2014 的图名标注、线型粗细等命令的应用。

● 任务内容

在理解室内建筑制图标准的基础上，打开 AutoCAD 2014，通过标注图名及比例学习并掌握尺寸标注、线型粗细等命令的应用。

● 实施条件

1. 台式计算机或笔记本电脑。

2. AutoCAD 2014 正版软件。

一、标注绘制图名

（1）单击【多行文字】按钮，输入图名"室内原始结构平面图"，将其选中，字体设置为"宋体"，文字高度设置为"300"，单击【确认】按钮，如图 2-110 所示。

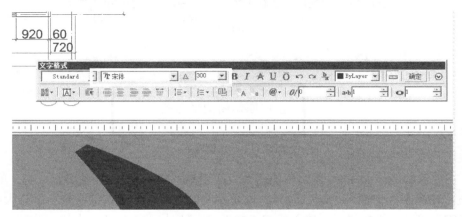

图 2-110　图名文字设置

（2）单击【移动】按钮，将图名移动至图的正下方，如图 2-111 所示。

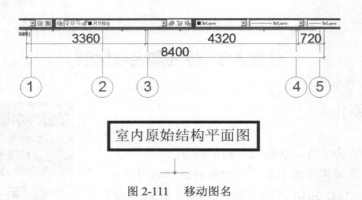

图 2-111　移动图名

二、标注比例数字与绘制图名线

（1）单击【直线】按钮，在图名下绘制一条直线，两边各超出图名半字符左右，单击【复制】按钮，将直线向下进行复制，两条直线距离约为 1 毫米，如图 2-112 所示。

图 2-112　图名下的直线绘制

（2）单击【多行文字】按钮，输入比例"1:100"，将其选定，文字高度设置为"200"，字体为"宋体"，单击【确定】按钮。选中比例，将其移动到合适位置，如图 2-113 所示。

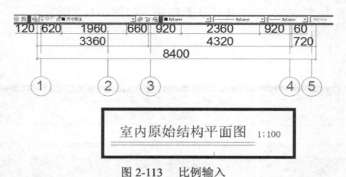

图 2-113　比例输入

（3）在建筑构造与识图中，图名下的两条直线粗细不同，上面的一条要宽一些。单击【矩形】按钮，在命令栏中输入"w"（注意：w 是宽度的意思，w 键按键命令不区分大小写。），按【空格键】确认，根据提示，输入线宽"20"，按【空格键】确认。在线下绘制一个矩形，鼠标双击矩形，选择"打开"，如图 2-114 所示。

图 2-114　调整矩形线宽

（4）按【Esc 键】退出，对其他线进行调整，完成粗线的绘制，如图 2-115 所示。

室内原始结构平面图 1:100

图 2-115　完成粗线的绘制

📖 **说明**

再单击【矩形】按钮时，发现其边的宽度均为 20，将如何变细呢？

单击【矩形】按钮，在命令栏中输入"w"，按【空格键】确认，根据提示，输入线宽为"1"，按【空格键】确认，绘制的矩形边线将变细。

此时，室内原始结构平面图绘制完成，如图 2-116 所示。

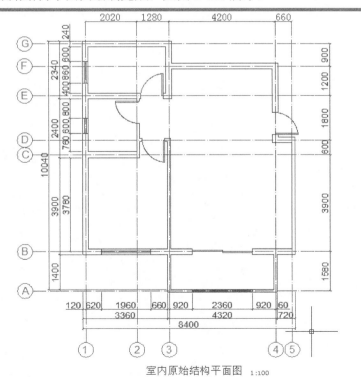

室内原始结构平面图　1:100

图 2-116　室内原始结构平面图

项目小结

　　本项目用一个完整的实例分别从绘制轴网、绘制墙体、绘制门窗、绘制定位轴线编号、尺寸标注、标注图名与比例这 6 个任务板块讲解了实际工作中完整平面图的绘制程序、步骤和方法。在学习制作的过程中，本项目一改传统教材中只讲命令的学习方法。建立起"真活真做"的"教、学、做"一体化与企业接轨的学习方法，将简单的、最常使用的"绘图命令"与"修改命令"糅合在项目案例中，从而使读者可以按照《房屋建筑制图统一标准》GB/T 50001—2010，按顺序学习最常使用的：线、复制、偏移、修剪、删除、移动、倒角、延伸、矩形、圆弧、旋转、镜像、打断于点、对象捕捉、圆、正交、多行文字、标注样式修改、线性标注、快速标注等命令。

项目 **3**

绘制室内其他装饰施工平面图

任务3.1　绘制室内地面材料铺装图

通过对本情境的学习，掌握以下知识和方法。

☐ 了解室内地面材料铺装图的正确制图顺序与其对施工的意义。

☐ 掌握卧室、客厅、厨房、卫生间、阳台地砖规格尺寸的正确绘制方法。

☐ 掌握构造墙体的填充命令应用。

微课视频 **14**：

《绘制室内地面材料铺装图》

http://182.92.225.223/web/shareVideo/
index.action?id=1000078&ajax=1

● 任务内容

在了解地面材料施工铺装的基础上，运用 AutoCAD 2014 软件绘制室内地面材料铺装图。

● 实施条件

1. 台式计算机或笔记本电脑。

2. AutoCAD 2014 正版软件。

一、绘制卧室地面强化地板材料铺装

将"室内原始结构平面图"选中，单击【复制】按钮，按照间隔有序的要求向右进行复制，复制 4 个（即复制完后加上原有图共有 5 个图）。将第二个图图名修改为"室内地面材料铺装图"。

（1）在"室内地面材料铺装图"中，单击【矩形】按钮，绘制一个矩形，如图 3-1 所示。

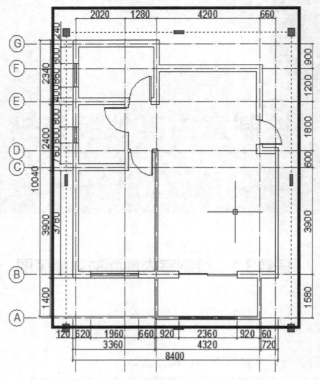

图 3-1   绘制辅助矩形

（2）选中绘制的矩形，将框内的横向定位轴线和纵向定位轴线删除，之后将绘制的矩形删除，如图 3-2 所示。

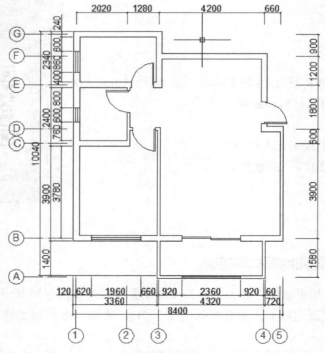

图 3-2   删除定位轴线

⚠ **注意**

　　对于室内地板材料，在铺装过程中会用到"填充"工具。填充前，要注意室内空间一定是围合的，不然填充会遇到不小的麻烦。

　　（3）单击【图案填充】按钮，如图3-3所示。打开"图案填充和渐变色"命令框，鼠标左键在单击"类型和图案"中的"图案"后带有"…"的按钮打开样例，单击鼠标左键在下拉菜单中选中一个类似于地板的图案样例"DOLMIT"，如图3-4所示。单击【确定】按钮退出。

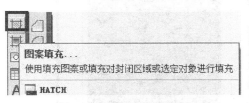

图3-3　【图案填充】按钮

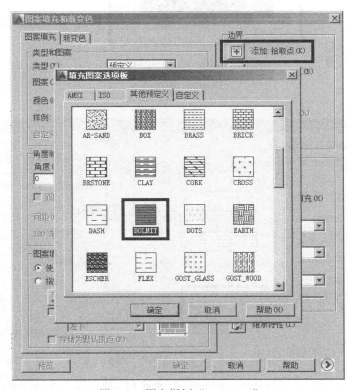

图3-4　图案样例"DOLMIT"

　　（4）单击"边界"中的【拾取点】按钮，在图中单击鼠标左键选中要拾取的范围。在Auto CAD 2014中，鼠标所到的范围会自动演示填充后的范围和样子，如图3-5所示。

📖 **说明**

　　如果填充后的样子和所选的样例不一样，呈全黑色，这是因为比例太小的原因。

　　（5）单击鼠标左键选中要拾取的范围后，按【空格键】确认，出现"图案填充和渐变色"

命令框，将"角度和比例"中的"比例"设置为"30"，如图 3-6 所示。

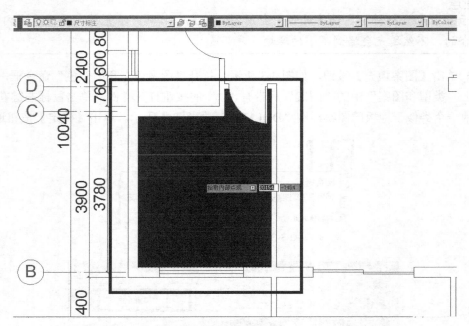

图 3-5　填充演示

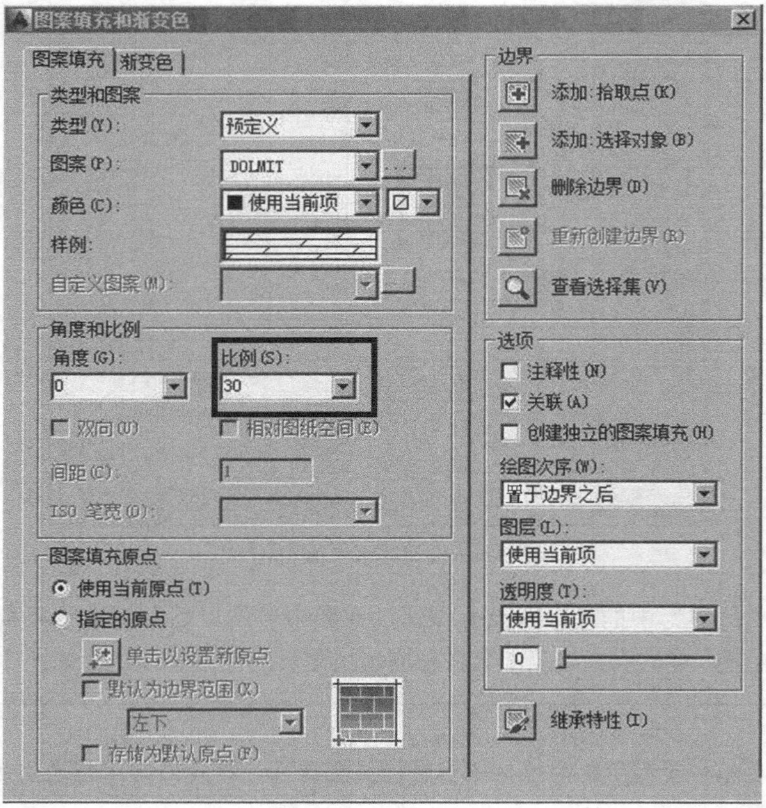

图 3-6　比例设置

（6）单击【确定】按钮，在图中看到已经填充完毕，如图 3-7 所示。

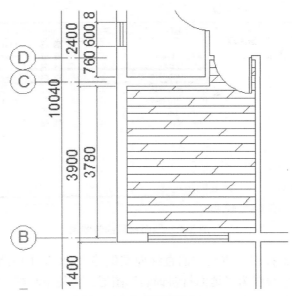

图 3-7 完成图案填充

二、绘制客厅地面微晶石地砖材料铺装

在客厅和厨房之间，采用铺地砖的形式。现在市面上比较流行的是 800mm×800mm、600mm×600mm、300mm×300mm 的地砖，有剖光砖、釉面砖和微晶石地砖等。绘制地砖的铺装图对于施工过程是非常有帮助，而且对于预算地砖用量和价格也很有帮助。

（1）选中进门右边的墙体线，如图 3-8 所示。打开"图层特性管理器"，新建"地面材料铺装"图层，颜色为"黑"色，线型为"直线"，并将其置为当前图层，如图 3-9 所示，关闭"图层特性管理器"，将卧室绘制的地砖置为"地面材料铺装"图层。

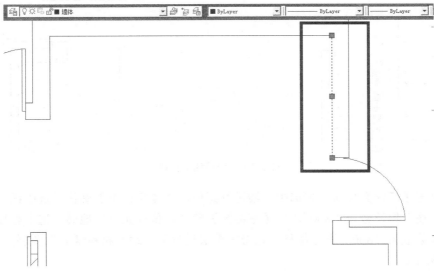

图 3-8 选中右墙体线

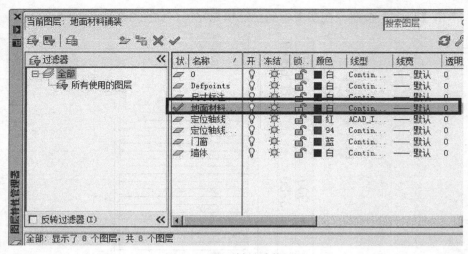

图 3-9　地面材料铺装图层

（2）单击【偏移】按钮，将选中的直线向左偏移"800"，因为地砖的规格是 800mm×800mm。将偏移后的直线置为"地面材料铺装"图层。为便于观察，将"地面材料铺装"图层的颜色改变一下，设置为"32"号的颜色，如图 3-10 所示。

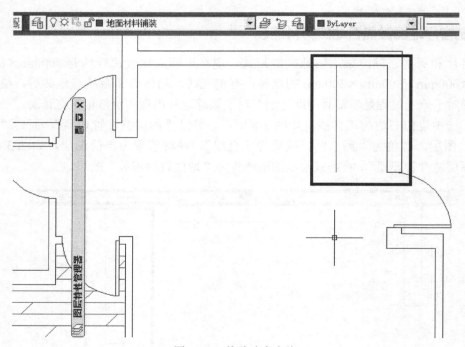

图 3-10　偏移选中直线

（3）单击【延伸】按钮，将选中的线进行延伸，按【空格键】确认。选中线，单击【偏移】按钮，输入偏移数值"800"，按【空格键】确认。偏移完纵向地砖，选中客厅上部的线继续按偏移数值为"800"进行偏移，记得将图层设置为"地面材料铺装"图层。完成偏移，如图 3-11 所示。

（4）对偏移后的地砖进行修剪整理，使其符合客厅布局，如图 3-12 所示。

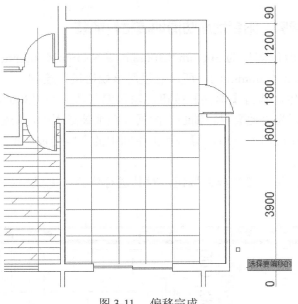

图 3-11 偏移完成

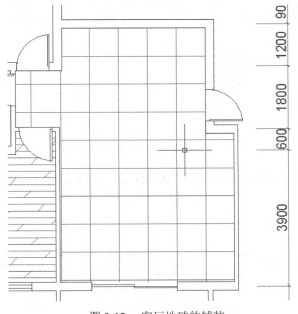

图 3-12 客厅地砖的铺装

📖 **说明**

在修剪整理的过程中，会用到"修剪""延伸"等操作命令。从图 3-12 中，看到偏移的地砖超出墙体的部分，则需要在施工的过程中切割掉多余的地砖（市场上每切割一块地砖线 4 元）。上图中，如果有的地方显示地砖与墙体只留有较小的空隙，则在抹缝施工过程中，施工员就会进行抹灰处理。在施工过程中可以发现，绘制地砖的方向顺序是与现场施工人员施工移动方向相一致的。

三、绘制卫生间、厨房、阳台地面防滑地砖材料铺装

卫生间和厨房一般用规格为 300mm×300mm 或 600mm×600mm 的防滑地砖，现在最流行的是规格为 300mm×300mm 的，所以这里用该规格进行绘制。

（1）选中一边墙体，单击【偏移】按钮，输入偏移数值为"300"，按【空格键】确认。记得将偏移出的地砖置为"地面材料铺装"图层。在铺装过程中，从远离门的一边进行偏移，这样可以将余料置为靠近门的一边，厨房和卫生间中的余料会被橱柜、门等挡住，但在现实施工中要注意这个问题。

（2）完成偏移后，单击【修剪】按钮，对其进行修改，完成厨房和卫生间的地砖铺装。如图 3-13 所示。

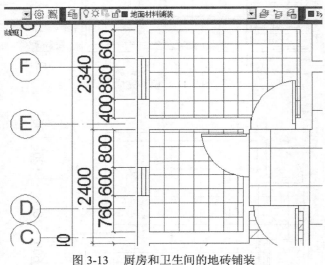

图 3-13　厨房和卫生间的地砖铺装

（3）阳台的地砖采用规格为 300mm×300mm 的，按照上面铺装的方法完成阳台地砖的铺装，如图 3-14 所示。

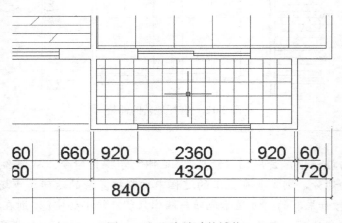

图 3-14　阳台地砖的铺装

这样，地面材料铺装就完成了。如图 3-15 所示。

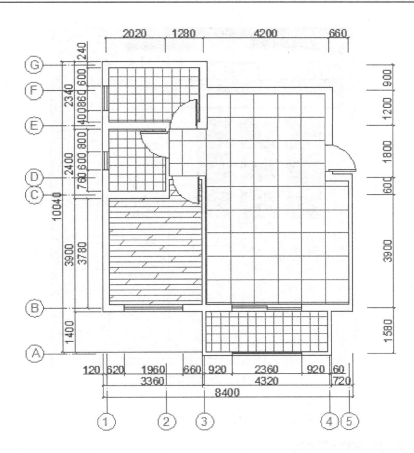

室内地面材料铺装图　1:100

图 3-15　完成地面材料铺装

四、绘制墙体围合空间填充

（1）执行"渐变色"命令，如图 3-16 所示。

图 3-16　【渐变色】按钮

（2）单击【渐变色】按钮，打开"图案填充和渐变色"命令框。在"渐变色"选项卡中，将"颜色"设置为"双色"，颜色 1、2 均定为"黑色"，如图 3-17 所示。

（3）单击"边界"中的【拾取点】按钮，单击鼠标左键在图中拾取闭合空间，按【空格键】确认，单击【确定】按钮，完成墙体围合空间填充，同时也完成室内地面材料的铺装，如图 3-18 所示。

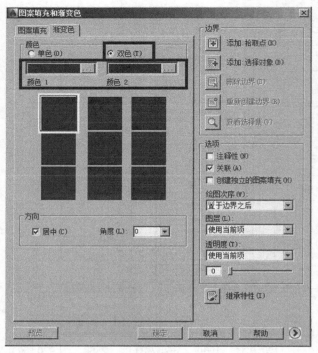

图 3-17 渐变色颜色设置

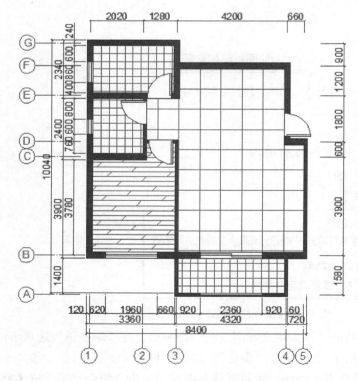

室内地面材料铺装图 1:100

图 3-18 完成室内地面材料的铺装

微课视频 15:

《绘制室内地面材料铺装图 2》

http://182.92.225.223/web/shareVideo/
index.action?id=1000079&ajax=1

五、标注尺寸

为了便于施工人员对地砖的切割和计算，应在室内地面材料铺装图中进行标注。

（1）单击菜单栏中的【标注】按钮，在下滑栏中选择"线性"，选择地砖进行标注，会发现与外层的标注尺寸大小一样，如图3-19所示。所以按【Delete键】删除刚刚标注的尺寸。

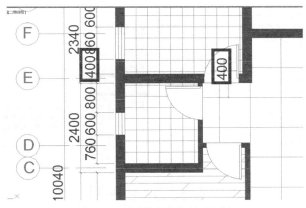

图3-19　相同大小的尺寸标注

（2）单击菜单栏中的【标注】按钮，选择下滑栏中的"标注样式"，打开"标注样式管理器"，单击【修改】按钮，打开"修改标注样式：ISO-25"命令框，将"文字"选项卡中"文字外观"下的"文字高度"设置为"200"，单击【确定】按钮退出，如图3-20所示。

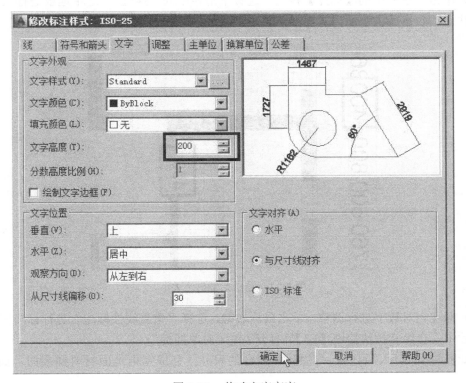

图3-20　修改文字高度

（3）此时，会看到标注过的尺寸中数字的大小相比之前均变小了。所以这个设置是不可以的，单击【放弃】按钮回到设置前。

（4）单击菜单栏中的【标注】按钮，选择下滑栏中的"标注样式"，打开"标注样式管理器"，单击【替代】按钮，如图 3-21 所示。

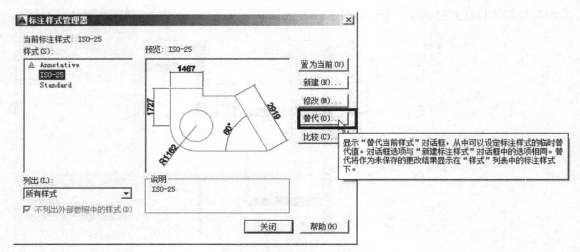

图 3-21　【替代】按钮

（5）打开"修改标注样式：ISO-25"命令框，将"文字"选项卡中"文字外观"下的"文字高度"设置为"200"，单击【确定】按钮，单击【关闭】按钮。

（6）单击菜单栏中的【标注】按钮，选择下滑栏中的"线性"，选中地板进行尺寸标注，这时标注出的数字就大小适当了，如图 3-22 所示。

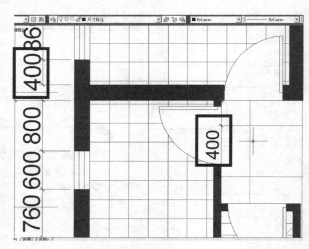

图 3-22　修改后的数字大小

（7）标注完对数字进行调整，单击鼠标右键，选择"重复线性标注"进行标注。（注意：标注尺寸中，会经常按快捷键【F3】"打开/关闭对象捕捉"）

依此标注完客厅、厨房、卫生间和阳台的尺寸，完成室内地面材料铺装图。如图 3-23 所示。

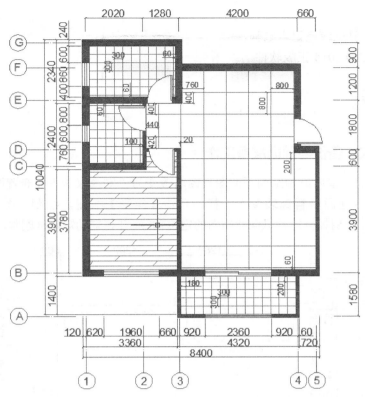

图 3-23 尺寸标注完成的室内地面材料铺装图

📖 **说明**

对于卧室的木地板，市场上的基本规格是 12 毫米厚，2000 毫米长，200 毫米宽。

任务3.2 绘制室内家居平面布置图

📖 **学习目标**

通过对本情境的学习，掌握以下知识和方法。

☐ 理解室内平面布置图的正确制图顺序与艺术理念。

☐ 掌握从模型库中选择模型，并进行合适的复制与粘贴的方法。

📋 **任务描述**

● 任务内容

在了解艺术美学与人体工程学的基础上，打开 AutoCAD 2014，绘制带有客厅、卧室、餐厅、厨房、卫生间的室内家居平面布置图。

微课视频 **16**：

《绘制室内家居平面布置图》

http://182.92.225.223/web/shareVideo/
index.action?id=1000080&ajax=1

● 实施条件

1. 台式计算机或笔记本电脑。
2. AutoCAD 2014 正版软件。

一、图名的修改、备份与前期准备工作

（1）将复制的"室内原始结构平面图"图名改变为"室内家居平面布置图"。

（2）同"室内地面材料铺装图"一样，单击【矩形】按钮，绘制一个辅助的矩形框，单击【修剪】按钮，修剪掉框内的纵向和横向的定位轴线，并将辅助矩形框删除。如图3-24所示。

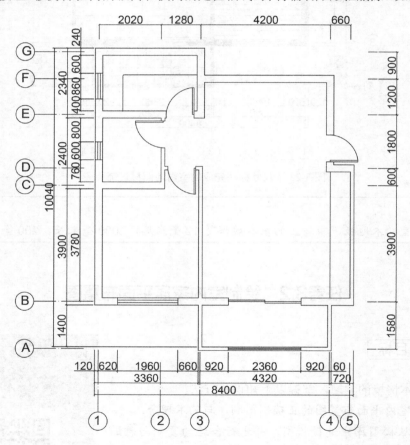

室内家居平面布置图 1:100

图 3-24　室内家居平面布置图的初始图

（3）选中刚刚绘制的"室内家居平面布置图"，单击【复制】按钮，按照间隔有序的要求向右进行复制，复制两个，以避免在下面的制图中重复修剪定位轴线。

打开"CAD图库"，看到有平面的、立面的常用家具，通过复制、粘贴进行平面的布置。

> ⚠ **注意**
>
> 对于一些比较特殊的结构部位或是家居平面，读者可以自己利用 AutoCAD 进行简单的绘制。如果在打开的图库中看到圆形的地毯、沙发等不是圆的，这是计算机显卡的原因，而不是绘制成这样的。怎样让它变为圆形呢？

（4）单击菜单栏中的【视图】按钮，在下滑栏中可以看到"重生成"和"全部重生成"，如图 3-25 所示。

> ⚠ **注意**
>
> "重生成"只对选中的图形进行重生成；而"全部重生成"是对整个文件中的 CAD 图库里的图形进行重生成。

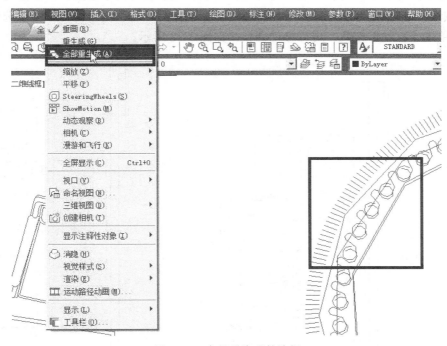

图 3-25　全部重生成的选择

选择"全部重生成"，这时，看到的画面就圆滑多了。当继续放大，又会发现还会有一些不圆滑，再次选择菜单栏中【视图】里的"全部重生成"，这时又会圆滑许多。

此时，可以在里面选取需要的、适合的家具进行布置。

二、客厅家具平面布置

选中需要的家具，点击鼠标右键选择"复制"或运用快捷键"Ctrl+C"进行复制，切换到绘制图中进行粘贴（快捷键：Ctrl+V），用鼠标拖动到合适位置放置。

（1）在图库中，找到心仪的沙发，进行复制（快捷键：Ctrl+C），如图 3-26 所示。

（2）切换到"家居平面布置图"中进行粘贴（快捷键：Ctrl+V），拖动鼠标将沙发拖至稍微靠墙且留有一定的空间，如图 3-27 所示。

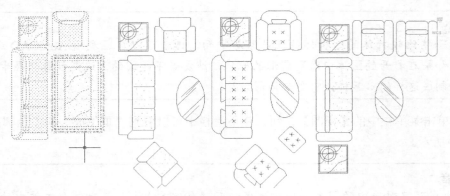

图 3-26　图库中的沙发

（3）为了更加美观、符合中国的对称美，可以将主沙发旁的小茶几和侧沙发选中，单击【镜像】按钮，进行镜像。（注意：不删除源对象）镜像后，若感觉不对称，可以选中镜像后的图像，单击【移动】按钮，进行移动调整，如图 3-28 所示。

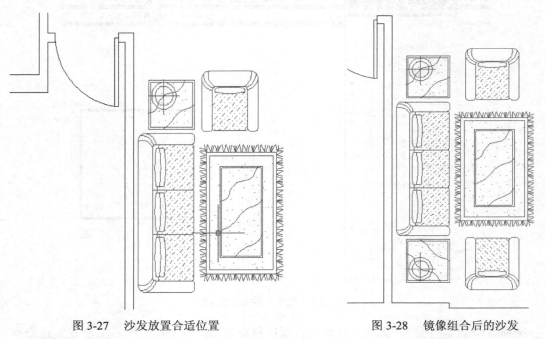

图 3-27　沙发放置合适位置　　　　　　　　　　图 3-28　镜像组合后的沙发

📖 **说明**

在现实中，电视柜在俯视图中一般距离墙体 60 ～ 80 毫米。

（4）选中墙体，单击【复制】按钮，输入距离数值"650"，按【Esc 键】退出，绘制完成放置电视机的位置，如图 3-29 所示。

⚠️ **注意**

在图库中，选择合适的电视机之前，要按【Esc 键】退出之前对沙发的选定。

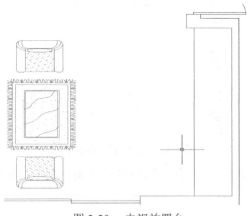

图 3-29　电视放置台

（5）如果发现复制到"室内家居平面布置图"中的电视机的方向不符合放置方向，这时，选中电视机，单击【旋转】按钮，旋转到需要方向后，单击【移动】按钮，移动到合适位置放置。

为了更加美观，可以在电视机旁边摆放合适的盆景。

三、卫生间卫具平面布置

在图库中复制浴缸移动到合适位置，发现浴缸离浴室墙体有一定空间，延长浴缸的两边至墙体，单击【直线】按钮，画一个叉，表示是一个可以放置洗浴物品的平台，如图 3-30 所示。

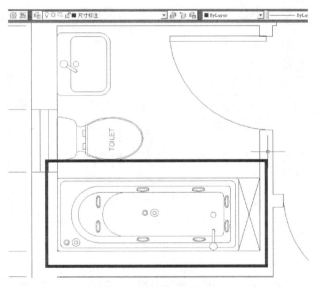

图 3-30　浴缸的放置

四、厨房厨具平面布置

选中厨房的上墙体，单击【复制】按钮，输入复制数据为"650"，按【空格键】确认。选中厨房的左墙体，与上述一样进行复制，距离为"650"单击【圆角】按钮，选中复制后的一条线，输入"r"，按【空格键】确认，输入角度数据为"45"，按【空格键】确认，如图 3-31 所示。

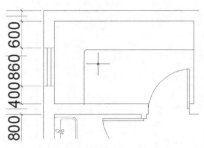

图 3-31 圆角后的操作台

在图库中，选择合适的灶台、水盆、橱柜进行复制、粘贴，并移动到合适位置。

⚠ **注意**

在家具摆放中，要适时按快捷键【F3】打开 / 关闭 "对象捕捉"，适时按快捷键【F8】打开和关闭 "正交"，方便布置构图。

全部布置完成后，可以对颜色和位置进行微调，使其更美观，从而完成 "室内家居平面布置图" 的绘制，如图 3-32 所示。

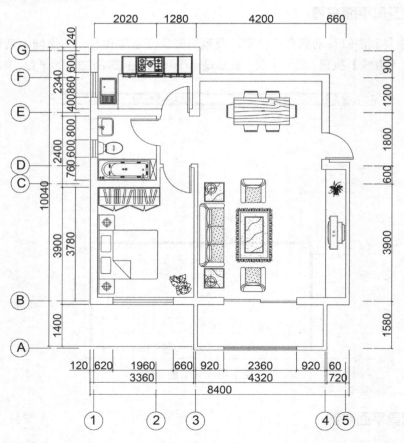

室内家居平面布置图 1:100

图 3-32 室内家居平面布置图

任务3.3 绘制室内顶棚平面布置图

 **学习目标**

通过对本情境的学习，掌握以下知识和方法。

☐ 理解室内顶棚平面布置图的正确制图顺序与常规布置原理。

☐ 掌握常规吊顶与异形吊顶的标准绘制方法。

☐ 掌握标高的正确绘制方法，以及灯饰安放与绘制的一般方法。

任务描述

● 任务内容

在学习了建筑制图与识图的基础上，打开 AutoCAD 2014，绘制室内顶棚平面布置图。

● 实施条件

1. 台式计算机或笔记本电脑。

2. AutoCAD 2014 正版软件。

微课视频 17：

《绘制室内顶棚平面布置图 1》

http://182.92.225.223/web/shareVideo/index.action?id=1000081&ajax=1

 **任务实施**

一、绘制门洞过梁

（1）将图名设置为"室内顶棚平面布置图"，之后删除图中所有的门。

（2）单击【直线】按钮，在入户门处画一条过梁直线，选中过梁直线，改变线型以示区别，打开"线型管理器"，单击【加载】按钮，打开"加载或重载线型"，选择"ACAD_IS003W100"线型，单击【确定】按钮，如图 3-33 所示。回到"线型管理器"，记得要将线型选定，单击【确定】按钮退出。

（3）回到"室内顶棚平面布置图"中，选定直线修改刚刚设置的线型，之后选定过梁直线单击鼠标右键，选择"特性"，将"线型比例"修改为"10"，按【回车键】确认，在图中已经可以看到线型表现，关闭"特性"命令框，如图 3-34 所示。

（4）单击【复制】按钮，在门处完成过梁的绘制，如图 3-35 所示。

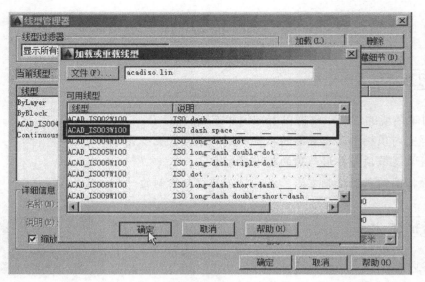

图 3-33　加载线型"ACAD_IS003W100"

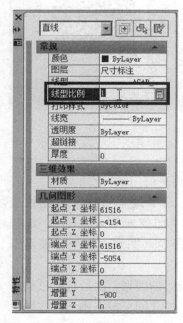

图 3-34　修改线型比例

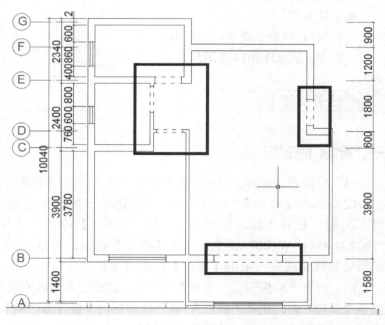

图 3-35　绘制过梁

二、绘制室内客厅与卧室吊顶

一般顶棚将传统的吊顶延伸为 70~80（注意：70~80 的单位为厘米）即可。

（1）从客厅开始，选定右墙体，单击【偏移】按钮，输入偏移数值为"800"，将四面的墙体均向内偏移，之后单击【倒角】、【延伸】、【修剪】等按钮进行修剪，记得将上墙体进行延伸，完成客厅吊顶的绘制，如图 3-36 所示。

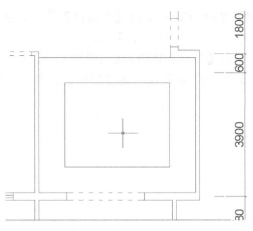

图 3-36 绘制客厅吊顶

（2）利用同样的方法，完成卧室的吊顶。

（3）为了使吊顶更加美观，单击【偏移】按钮，输入数值为"20"，将卧室和客厅的吊顶的线各向外进行偏移，偏移完成后，按【Esc键】退出；之后再次单击【偏移】按钮，输入偏移数据为"80"，将刚刚偏移过的直线向外进行偏移，偏移完成后，按【Esc键】退出；再次单击【偏移】按钮，输入偏移数值为"20"，将刚刚偏移过的直线向外进行偏移，偏移完成后，按【Esc键】退出。

（4）单击【倒角】按钮，完成客厅和卧室的吊顶绘制，如图 3-37 所示。

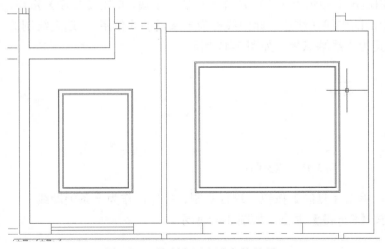

图 3-37 绘制客厅和卧室的吊顶

三、绘制餐厅异型吊顶

（1）单击【矩形】按钮，在餐厅中绘制一个辅助的矩形框，输入数值为"3700，850"（即长为 3700，宽为 850 的矩形，单位为毫米），按【空格键】确认。选中绘制的矩形，单击【移动】按钮，将其移动至与拐角对齐，如图 3-38 所示。

（2）选中绘制的矩形，单击【移动】按钮，按快捷键【F8】打开"正交"，按快捷键【F3】关闭"对象捕捉"，向下移动"170"的距离，按【空格键】确认，如图 3-39 所示。

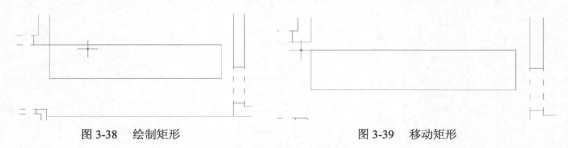

图 3-38　绘制矩形　　　　　　　　　　　　　　图 3-39　移动矩形

（3）单击【圆弧】按钮，按快捷键【F3】打开"对象捕捉"，按快捷键【F8】关闭"正交"。第一个点选定绘制矩形的左上角端点，绘制一个圆弧，之后选中绘制的矩形，单击【分解】按钮，进行分解，如图 3-40 所示。

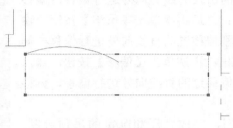

图 3-40　绘制圆弧

（4）分解绘制的矩形后，知道矩形的长为 3700，选择矩形的一条边，单击【复制】按钮，输入数值为"1850"，绘制出矩形的中线（注意：此中线作为一条辅助线使用），选定绘制的圆弧进行移动，将第二个端点置为中线端点处，如图 3-41 所示。

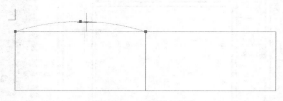

图 3-41　调整圆弧

（5）选定拐角处的墙体线，单击【复制】按钮，进行复制、拉伸，作为一条辅助线，将绘制的圆弧拉伸至此辅助线，按【Esc 键】退出，如图 3-42 所示。

图 3-42　辅助线调整圆弧

（6）选中绘制的圆弧，单击【镜像】按钮（注意：不删除源对象是"N","N"表示"No"的意思；删除源对象是"Y","Y"表示"Yes"的意思），如图3-43所示。

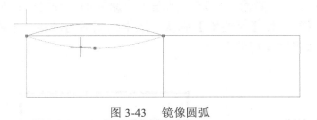

图3-43　镜像圆弧

（7）选中镜像后的圆弧，单击【移动】按钮，将其移动到图3-44所示的位置。

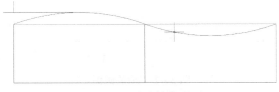

图3-44　移动镜像圆弧

（8）选中两个圆弧，单击【复制】按钮，复制到所绘制矩形的下边线处，如图3-45所示。

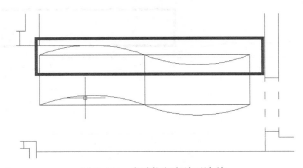

图3-45　复制圆弧到下边线

（9）选中矩形上边线的两条圆弧，单击【复制】按钮，向上复制。选中复制后的圆弧线，单击【缩放】按钮，如图3-46所示。

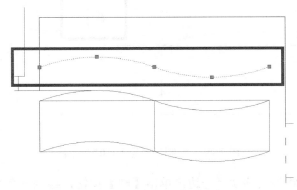

图3-46　复制双圆弧至上部

（10）单击【缩放】按钮，以圆弧中心为缩放点，输入比例因子为"0.5"。（注意：输入的比例因子大于"1"则选中的图形会放大相应比例；相反，输入的比例因子小于"1"则选中的图形会缩小相应比例，如输入"0.5"则缩小为原来的二分之一；如果输入的比例因子为"1"，则与原图一样。）按【空格键】确认。选中缩放后的圆弧，单击【移动】按钮，将其移动到合适位置，如图 3-47 所示。

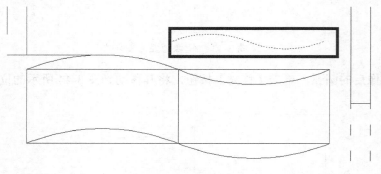

图 3-47   缩放圆弧

（11）选中缩放后的圆弧，单击【旋转】按钮，进行旋转，完成圆弧的绘制，如图 3-48 所示。

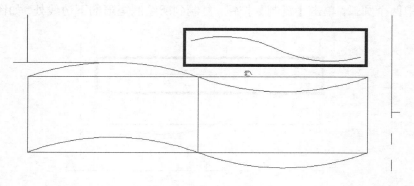

图 3-48   旋转缩放圆弧

（12）单击【圆】按钮，以缩放圆弧中点为圆心，绘制半径为"110"的圆，如图 3-49 所示。

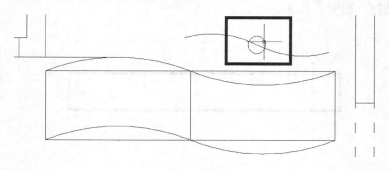

图 3-49   绘制半径为"110"的圆

（13）选定绘制的圆将其移动至一边，单击【圆】按钮，绘制一个半径为"200"的圆和一个半径为"70"的圆，如图 3-50 所示。

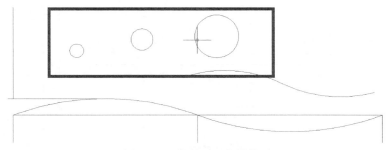

图 3-50　绘制不同半径的圆

（14）选中半径为"200"的圆，单击【移动】按钮，移动点定为圆心，将其移动到缩放圆弧中点的位置，重复单击【移动】按钮，将半径为"70"的圆移动到缩放圆弧的左端点处，将半径为"110"的圆移动到两圆所在圆弧的中点位置（注意：可以按【F3】打开"对象捕捉"进行辅助），如图 3-51 所示。

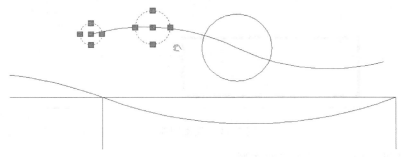

图 3-51　移动至圆弧的圆

（15）重复单击【复制】按钮，将半径为"110"的圆和半径为"70"的圆复制到缩放圆弧的另一半上，如图 3-52 所示。

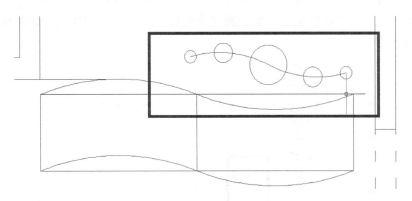

图 3-52　圆弧上圆的放置

（16）选中绘制的缩放圆弧和圆，单击【复制】按钮，复制到矩形的下方，如图 3-53 所示。

（17）选中右边绘制的半径为"110"的圆向上调整，再选中半径为"200"的圆向上调整，之后删除右半边圆弧，拉伸左半边圆弧，进行绘制，如图 3-54 所示。

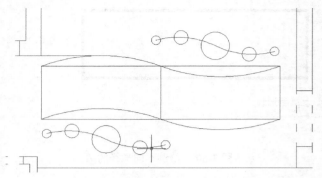

图 3-53　复制绘制的缩放圆弧和圆

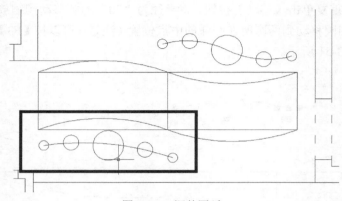

图 3-54　调整圆弧

之后会看到两种不同艺术风格的造型。

四、绘制卫生间、厨房吊顶

家中的卫生间、厨房一般都会用比较便宜的铝塑板来吊顶。

（1）在图库中复制"排气扇"粘贴在图中合适位置，厨房、卫生间在合适位置各安装一个，如图 3-55 所示。

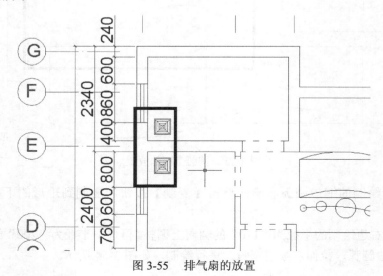

图 3-55　排气扇的放置

（2）执行"图案填充"命令，如图 3-56 所示。

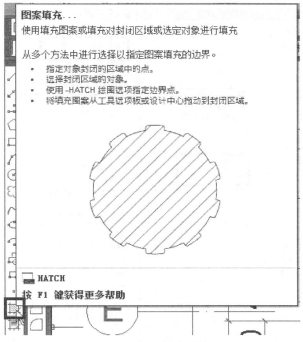

图 3-56 【图案填充】按钮

（3）单击【图案填充】按钮，打开"图案填充和渐变色"命令框。单击"图案填充"选项卡中"类型和图案"下的"样例"，打开"填充图案选项板"，选择"BRASS"样例，如图 3-57 所示。

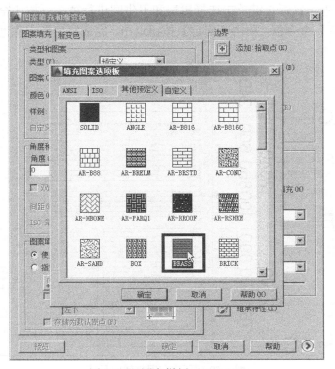

图 3-57 图案样例"BRASS"

（4）将"角度和比例"中的"比例"设置为"32"，单击【拾取点】按钮，如图 3-58 所示。

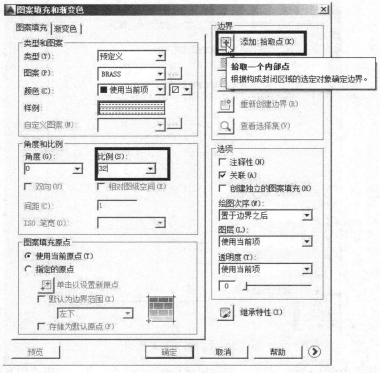

图 3-58　比例设置

（5）在绘制图中，鼠标左键单击选择厨房和卫生间进行填充，按【空格键】确认，打开"图案填充和渐变色"命令框，单击【确定】按钮退出，完成厨房和卫生间的吊顶，如图 3-59 所示。

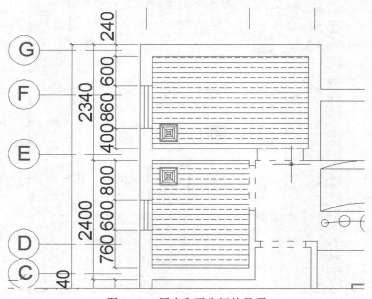

图 3-59　厨房和卫生间的吊顶

五、绘制标高符号

（1）单击【直线】按钮，绘制一条短直线，如图 3-60 所示。

（2）单击【矩形】按钮，在绘制的短直线下方绘制一个小矩形，如图 3-61 所示。

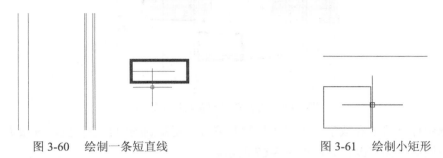

图 3-60   绘制一条短直线   图 3-61   绘制小矩形

（3）选中绘制的矩形，单击【旋转】按钮，将其旋转"45°"，如图 3-62 所示。

（4）选中旋转后的矩形，单击【移动】按钮，将其移动到短直线的合适位置，如图 3-63 所示。

图 3-62   旋转矩形   图 3-63   移动矩形

（5）选中短直线和矩形，单击【修剪】按钮，对其进行修剪，完成标高符号的绘制，如图 3-64 所示。

（6）打开"图层特性管理器"，新建"标高"图层，颜色设置为"洋红"，线型为"直线"，将其置为当前图层。关闭"图层特性管理器"，选中绘制的标高符号，将其置为"标高"图层，如图 3-65 所示。

图 3-64   标高符号   图 3-65   洋红色的标高符号

（7）执行"多行文字"命令，在标高符号上部输入数据"2.700"（注意：为什么是"2.700"而不是 2700？因为标高单位以"米"计。"2.700"表示离地面的高度是 2.7 米），将文字高度设置为"150"，单击【确定】按钮，之后调整数字位置或拉伸直线，使数字完全在标高线上部，选中绘制的标高符号和数字，单击【移动】按钮，将其移动至图中合适位置，如图 3-66 所示。

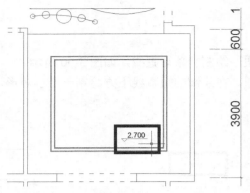

图 3-66　标高符号放置与标注数字

（8）选中标高符号和数字，单击【复制】按钮，复制到图中合适位置，并根据不同位置离地面的不同高度而修改数据，如图 3-67 所示。

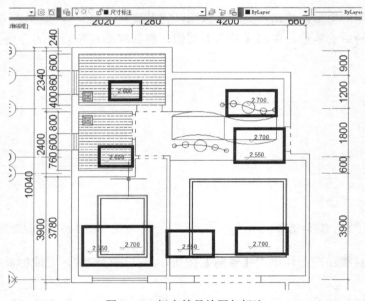

图 3-67　标高符号放置与标注

📖 **说明**

一般客厅和卧室的吊顶离地面 2.550 米左右，厨房和卫生间因为用木龙骨做了吊顶，所以离地面 2.600 米左右。

六、安装与绘制灯饰

（1）在图库中选定合适的灯，复制（快捷键：Ctrl+C）并粘贴（快捷键：Ctrl+V）到"室内顶棚平面布置图"的合适位置，如图 3-68 所示。

微课视频 20：

《绘制室内顶棚平面布置图 4》

http://182.92.225.223/web/shareVideo/
index.action?id=1000084&ajax=1

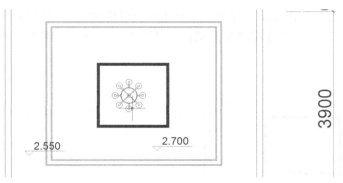

图 3-68 客厅灯饰放置

（2）选中"灯"，将其组成块，如图 3-69 所示。

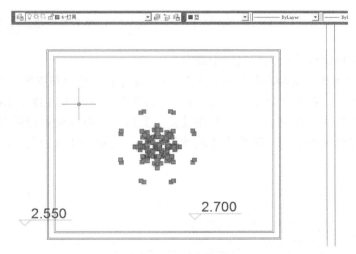

图 3-69 选灯组块

（3）在命令栏中输入"B"（注意："B"为创建为块的命令），按【空格键】，打开"块定义"命令框，将"名称"设置为"吊灯"，如图 3-70 所示。

图 3-70 创建块名称为吊灯

（4）单击【确定】按钮退出命令框，此时吊灯已创建为块，如图 3-71 所示。

（5）选中"吊灯"，单击【移动】按钮，移动到中间位置，如图 3-72 所示。

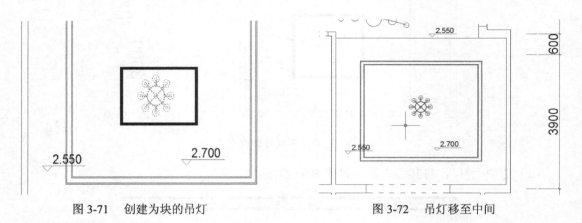

图 3-71　创建为块的吊灯　　　　　　　　图 3-72　吊灯移至中间

（6）在图库中选择合适的大灯放置于卧室。

（7）在图库中选择并复制小的灯饰，粘贴于"室内顶棚平面布置图"中，选定小灯饰，在命令栏中输入"b"，打开"块定义"命令框，"名称"设置为"LED"，单击【确定】按钮退出，将小灯饰组成块。选定小灯饰，单击【复制】按钮，将其放置到图中合适位置，在厨房的灯罩中，因灯罩大小不同，可单击【缩放】按钮，改变小灯饰的大小，再复制放置到图中，如图 3-73 所示。

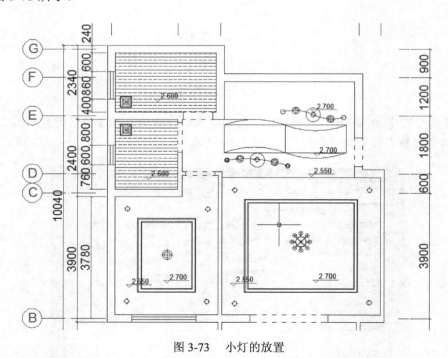

图 3-73　小灯的放置

（8）打开"图层特性管理器"，新建"灯饰"图层，颜色设置为"蓝"，线型设置为"直线"，如图 3-74 所示。

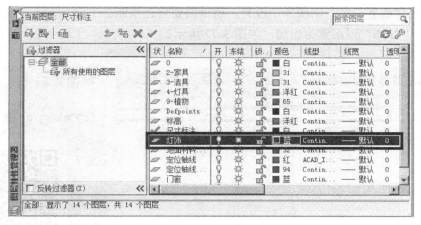

图 3-74　"灯饰"图层

（9）关闭"图层特性管理器"，选中"室内顶棚平面布置图"中的灯饰置为"灯饰"图层。将餐厅的辅助线选中，如图 3-75 所示。

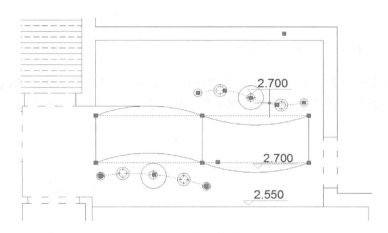

图 3-75　餐厅辅助线

（10）按【Delete 键】删除辅助线，如图 3-76 所示。

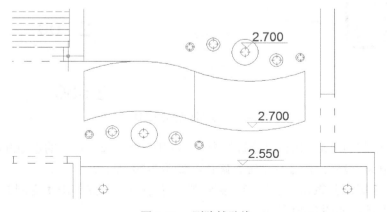

图 3-76　删除辅助线

要想在厨房放置长灯，而图库中没有，所以需要自己绘制。

（11）将"灯饰"图层置为当前，如图 3-77 所示。

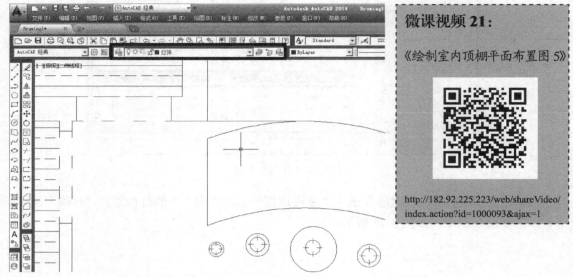

微课视频 21：

《绘制室内顶棚平面布置图 5》

http://182.92.225.223/web/shareVideo/
index.action?id=1000093&ajax=1

图 3-77 "灯饰"图层置为当前

（12）单击【矩形】按钮，在厨房灯罩中绘制长管的 LED 灯，输入数据"50，600"（注意：一般来说长管的 LED 灯是有规格的，长度有 600、1200，宽度为 50），如图 3-78 所示。

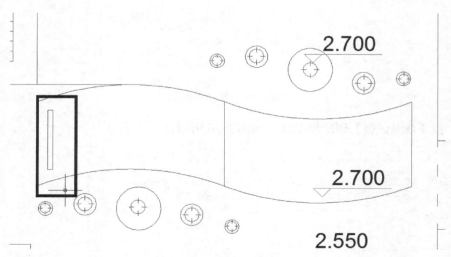

图 3-78 绘制长管的 LED 灯

（13）选中绘制的矩形，执行"分解"命令，将其分解。选中矩形的左边线，单击【复制】按钮，输入数值为"25"，按【空格键】确认，如图 3-79 所示。

（14）单击【矩形】按钮，在矩形上部绘制一个小矩形，并单击【复制】按钮，将小矩形复制到矩形下部，如图 3-80 所示。

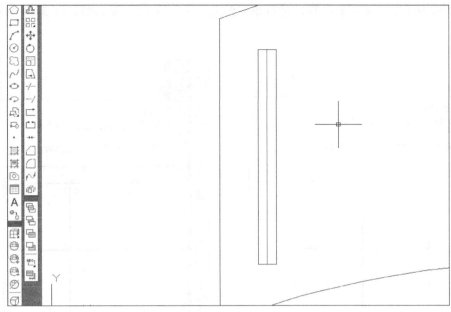

图 3-79　绘制 LED 长灯管①

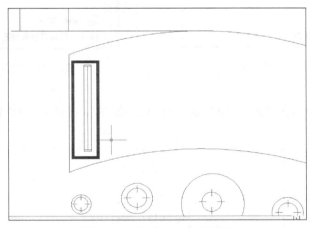

图 3-80　绘制 LED 长灯管②

（15）选中绘制的灯，在命令栏中输入"b"，打开"块定义"命令框，将"名称"设置为"LED2"，单击【确定】按钮退出，将绘制的灯组成块。

选中"LED2"，执行"矩形阵列"命令，如图 3-81 所示。

图 3-81　矩形阵列按钮

（16）单击【矩形阵列】按钮，进行单行阵列，如图3-82、图3-83、图3-84所示。

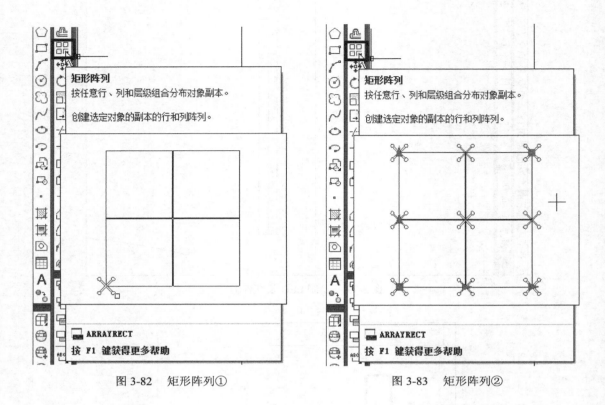

图 3-82　矩形阵列①　　　　　　　　　　　　　图 3-83　矩形阵列②

（17）在命令栏中输入"R"（"R"表示行数），如图3-85所示，按【空格键】确认。

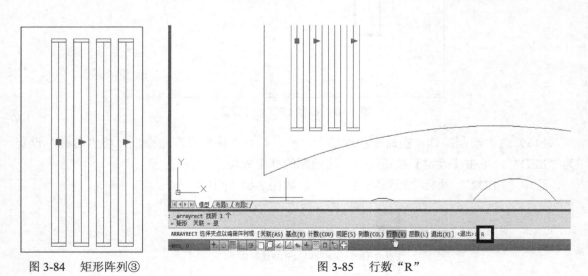

图 3-84　矩形阵列③　　　　　　　　　　　　　图 3-85　行数"R"

（18）输入行数数为"1"，如图3-86所示，按【空格键】确认。

（19）指定行之间的距离为"600"，如图3-87所示，按【空格键】确认。

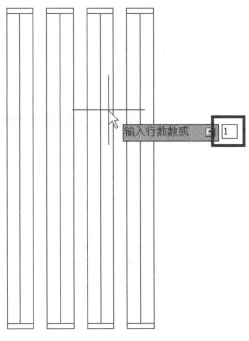

图 3-86　行数数为"1"

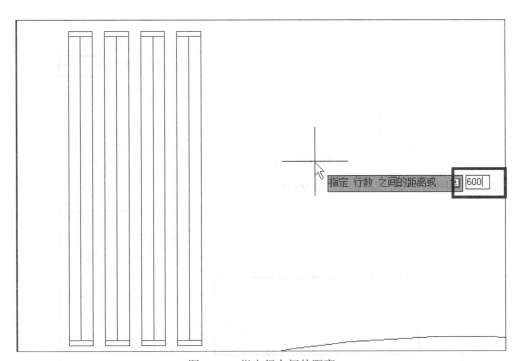

图 3-87　指定行之间的距离

（20）指定行之间的标高增量为"1"，如图 3-88 所示，按【空格键】确认。

（21）此时出现"选择夹点编辑阵列或"，不按【空格键】确认退出，输入"S"（注意："S"表示间距），按【空格键】确认，指定列之间的距离为"600"，如图 3-89 所示。

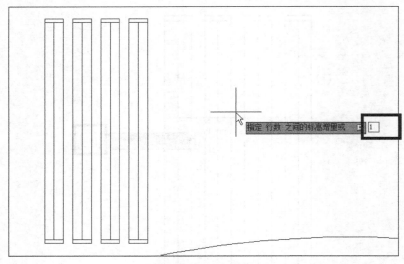

图 3-88　标高增量

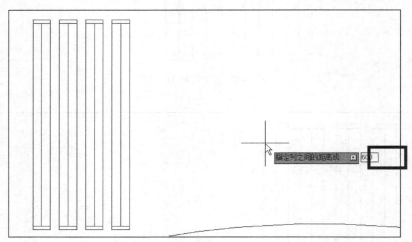

图 3-89　指定列之间的距离

（22）按【空格键】确认，如图 3-90 所示。

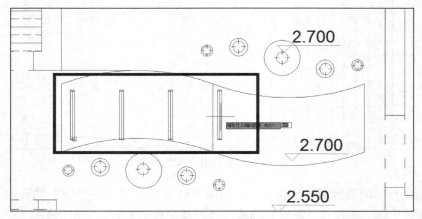

图 3-90　矩形阵列后的长灯管

（23）选中矩形阵列后的灯进行推拉，如图 3-91 所示。

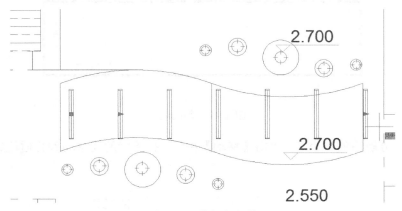

图 3-91　推拉长灯管

（24）选中拉伸后的灯，单击【移动】按钮，移动至图中合适位置，如图 3-92 所示。

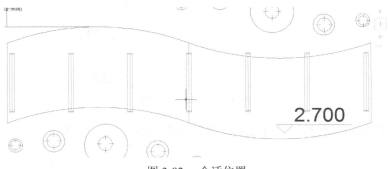

图 3-92　合适位置

（25）选中绘制的"LED2"，单击【分解】按钮，将一体的"LED2"分解成单个。

（26）选中上面的两段圆弧，单击【复制】按钮，如图 3-93 所示。

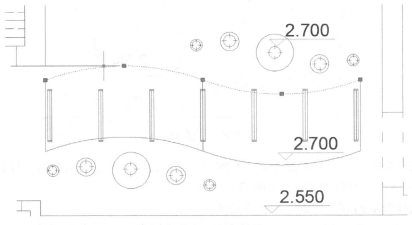

图 3-93　选中上圆弧

（27）复制到合适位置作为辅助线，如图 3-94 所示。

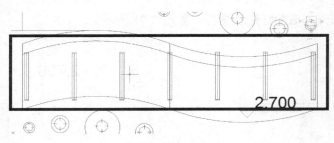

图 3-94　辅助线

（28）选中分解后的单个灯，单击【移动】按钮，按照辅助线移动到合适位置，如图 3-95 所示。

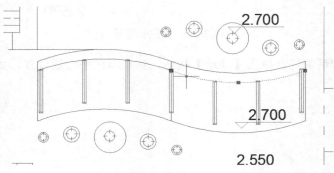

图 3-95　移动长灯管

（29）选中绘制的辅助线，按【Delete 键】删除，如图 3-96 所示。

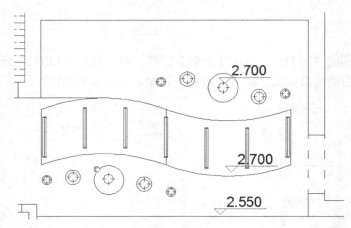

图 3-96　厨房灯饰

（30）选中卧室的大灯，单击【复制】按钮，复制到厨房和卫生间合适的位置，完成"室内顶棚平面布置图"灯饰的绘制，如图 3-97 所示。

（31）选择合适的灯，放置在阳台合适的位置。

（32）关闭"灯饰"图层，查看灯饰是否有未放置在"灯饰"图层的，选中未放置的，重新置入"灯饰"图层中。如果有创建成块的，需要对其执行"分解"命令，才可置入"灯饰"图层。检查完后，将"灯饰"图层重新打开（记得删除多余的灯饰），如图 3-98 所示。

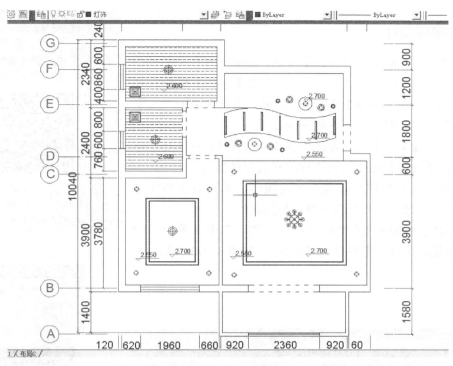

图 3-97 室内顶棚平面布置图之绘制灯饰

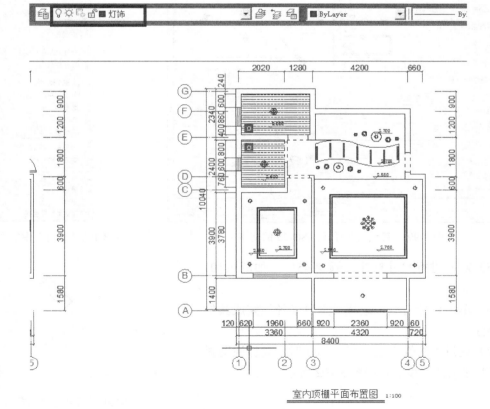

室内顶棚平面布置图 1:100

图 3-98 置入灯饰图层

七、标注吊顶尺寸

（1）单击菜单栏中的【标注】按钮，选择下滑栏中的"快速标注"，打开"标注样式管理器"，单击【替代】按钮，打开"替代当前样式：ISO-25"，将"文字"选项卡中的"文字高度"设置为"150"，如图 3-99 所示。

（2）单击【确定】按钮退出"替代当前样式：ISO-25"命令框，单击【关闭】按钮退出"标注样式管理器"。

（3）将"尺寸标注"设置为当前图层，单击菜单栏中的【标注】按钮，选择"线性"，进行尺寸标注。

（4）对绘制的圆的造型进行尺寸标注，单击菜单栏中的【标注】按钮，选择下滑栏中的"半径"，如图 3-100 所示。

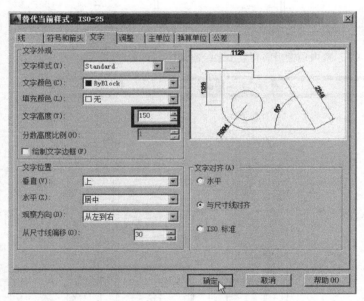

图 3-99　替代当前样式：ISO-25 的文字

图 3-100 "标注"中的"半径"

（5）对圆进行尺寸标注，倾斜 45°，如图 3-101所示。

（6）单击鼠标右键，选择"重复半径"完成其他圆的标注。

（7）通过"线性"进行尺寸标注时，要标注圆弧长度和灯之间的长度等，如图 3-102 所示。

图 3-101　尺寸标注的圆

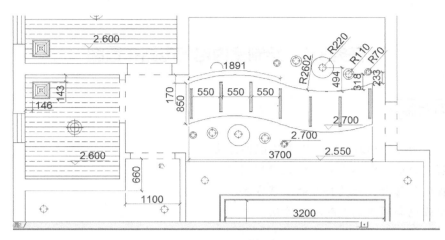

图 3-102　尺寸标注

📖 **说明**

　　对关键部位进行尺寸标注，可以给施工人员在石膏板吊顶切割时带来很大的帮助。

（8）完成尺寸标注，如图 3-103 所示。

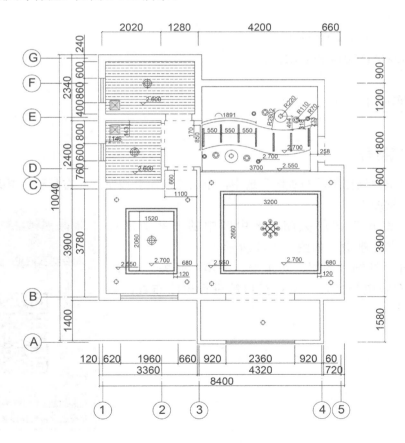

室内顶棚平面布置图　1:100

图 3-103　室内顶棚平面布置图之尺寸标注

任务3.4　绘制室内电气电路布置图

 **学习目标**

通过对本情境的学习，掌握以下知识和方法。

◻ 理解室内电气电路布置图的正确制图顺序。

◻ 掌握电气符号、开关符号的安装方法。

◻ 掌握强电与弱点的线路布置方法。

 **任务描述**

● 任务内容

在学习了建筑识图与制图的基础上，运用 AutoCAD 2014 绘制室内电气电路布置图。

● 实施条件

1．台式计算机或笔记本电脑。

2．AutoCAD 2014 正版软件。

 **任务实施**

一、安放电气符号

（1）将"室内顶棚平面布置图"选中，单击【复制】按钮，向右复制，更改图名为"室内电气电路布置图"。

（2）将"灯饰"图层关闭，选中图中的一些图形按【Delete 键】进行删除，如图 3-104 所示。

（3）打开"灯饰"图层，对电器、插座、开关、烟控、电话插口、有线电视插口、网线插口等进行电路布置，如图 3-105 所示。

微课视频 23：

《绘制室内电气电路布置图》

http://182.92.225.223/web/shareVideo/
index.action?id=1000095&ajax=1

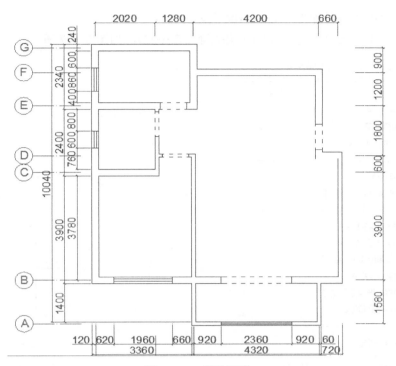

图 3-104　删除图形

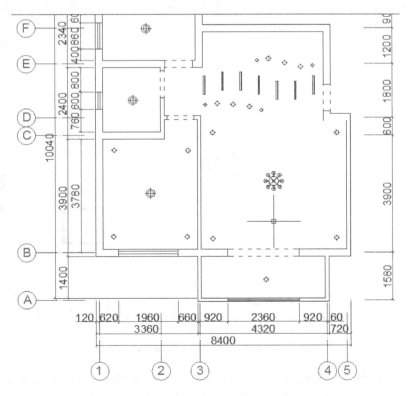

图 3-105　打开"灯饰"图层

（4）打开"电气符号库"，如图 3-106 所示。

（5）打开"电话插座"进行复制（快捷键：Ctrl+C），如图 3-107 所示。

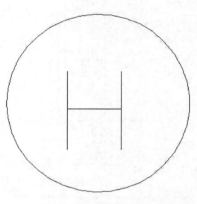

图 3-106　电气符号库　　　　　　　　　　图 3-107　　电话插座

（6）粘贴（快捷键：Ctrl+V）到"室内电气电路布置图"的合适位置，如图 3-108 所示。

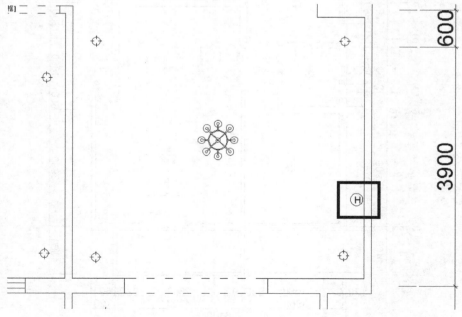

图 3-108　　室内电气电路布置图之电话插座

（7）将"电视插座""网络插座"依次复制（快捷键：Ctrl+C）并粘贴（快捷键：Ctrl+V）到"室内电气电路布置图"的合适位置，如图 3-109、图 3-110、图 3-111 所示。

图 3-109　电视插座

图 3-110　网络插座

（8）选中"感烟探测器"进行复制（快捷键：Ctrl+C），如图 3-112 所示。

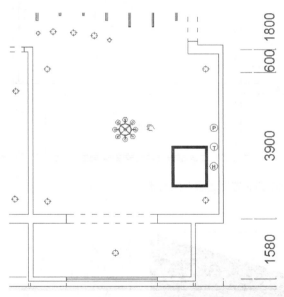

图 3-111　室内电气电路布置图之电视、网络插座

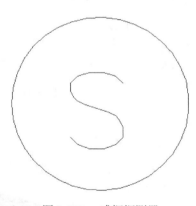

图 3-112　感烟探测器

（9）粘贴（快捷键：Ctrl+V）到"室内电气电路布置图"每个房间灯饰旁的合适位置，如图 3-113 所示。

📖 说明

根据室内装饰和防火部门的要求，每个空间都要装一个感烟探测器。

（10）选中"多种电源配电箱"进行复制（快捷键：Ctrl+C），如图 3-114 所示。

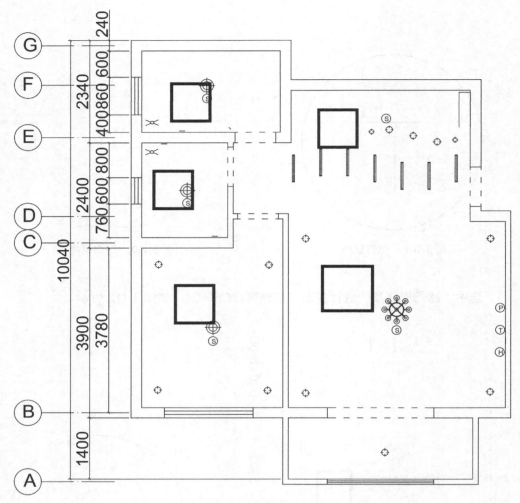

图 3-113　室内电气电路布置图之感烟探测器

图 3-114　多种电源配电箱

（11）粘贴（快捷键：Ctrl+V）到"室内电气电路布置图"的合适位置，如图 3-115 所示。

（12）选中"排气扇"进行复制（快捷键：Ctrl+C），如图 3-116 所示。

（13）粘贴（快捷键：Ctrl+V）到"室内电气电路布置图"中厨房和卫生间的合适位置，如图 3-117 所示。

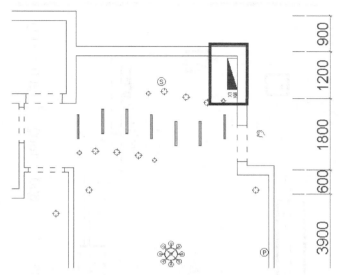

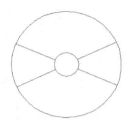

图 3-115　室内电气电路布置图之多种电源配电箱　　　　　　图 3-116　排气扇

（14）选中"单相 10A 暗装二三插座"进行复制（快捷键：Ctrl+C），如图 3-118 所示。

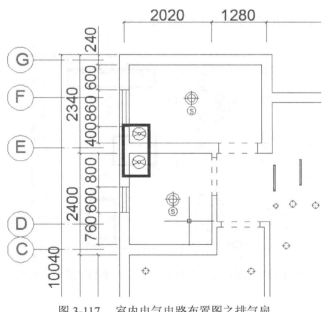

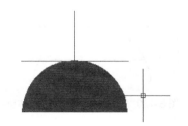

图 3-117　室内电气电路布置图之排气扇　　　　　　图 3-118　单相 10A 暗装二三插座

（15）粘贴（快捷键：Ctrl+V）到"室内电气电路布置图"中，单击【旋转】按钮，选择想要的方向，单击【复制】按钮，复制到图中合适位置，如图 3-119 所示。

（16）选中"w 单相带接地防水插座"进行复制（快捷键：Ctrl+C），如图 3-120 所示。

（17）粘贴（快捷键：Ctrl+V）到"室内电气电路布置图"中卫生间和厨房需要的位置上，如图 3-121 所示。

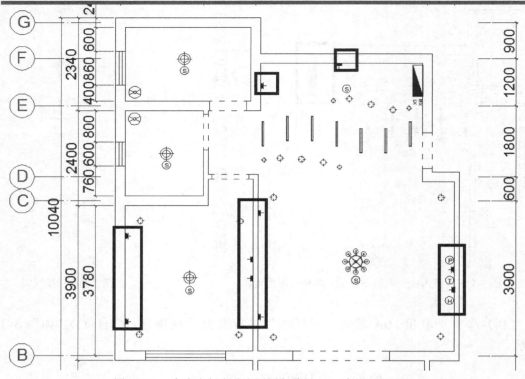

图 3-119　室内电气电路布置图之单相 10A 暗装二三插座

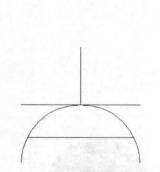

图 3-120　w 单相带接地防水插座

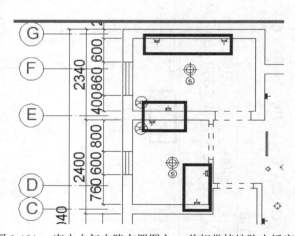

图 3-121　室内电气电路布置图之 w 单相带接地防水插座

二、布置照明强电线路

在绘制过程中，需要用到"复制"、"移动"、"旋转"等多项命令。

（1）打开"图层特性管理器"，新建图层"电路"，颜色设置为"洋红"，线型为"直线"，关闭"图层特性管理器"，将"电路"图层设置为当前图层。

（2）在"室内电气电路布置图"中绘制电路，可以用"样条曲线"命令，也可以用"圆弧"命令。

（3）执行"样条曲线"命令，绘制客厅电路，如图 3-122、3-123 所示。

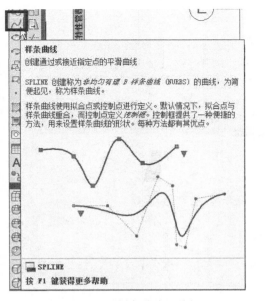

图 3-122 【样条曲线】按钮

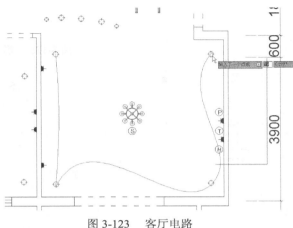

图 3-123 客厅电路

（4）如果感觉"样条曲线"不好控制，那么可以执行"圆弧"命令，绘制一段，再执行"复制"命令，绘制串联电路，如图 3-124 所示。

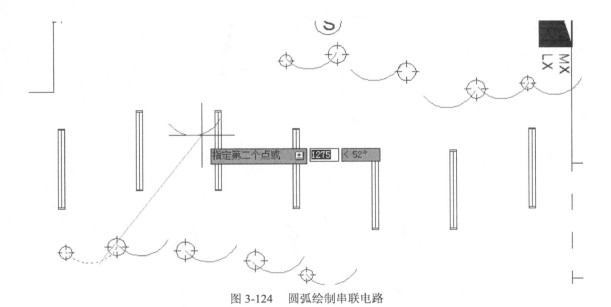

图 3-124 圆弧绘制串联电路

（5）之后对其进行修改调整，如图 3-125 所示。

（6）单击【复制】按钮，绘制灯管电路并修改调整，如图 3-126 所示。

（7）对客厅电路进行补充、修改、调整，如图 3-127 所示。

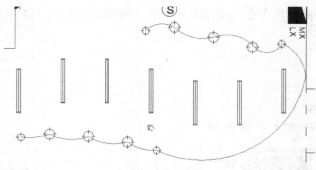

图 3-125　修改调整

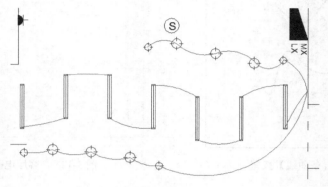

图 3-126　灯管电路绘制

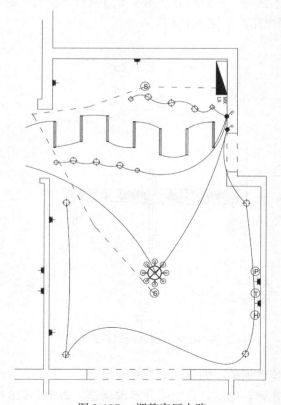

图 3-127　调整客厅电路

三、布置烟控系统弱电线路

重复执行"圆弧"命令，对卧室、厨房、卫生间进行电路绘制。

单击【多段线】按钮，绘制烟控（注意：烟控有预警和报警的功能）的线路，颜色设置为"绿"，如图 3-128 所示。

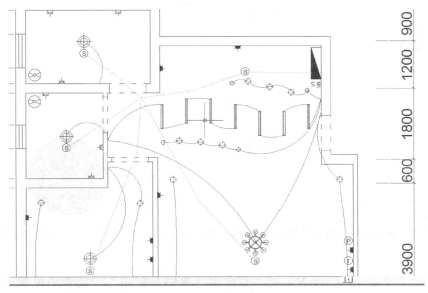

图 3-128　烟控线路

> ⚠ **注意**
> 绘制电路时，需要多次进行调整、修改以使其美观有条理，同时仔细检查，防止出错。

四、布置安装开关

在目前绘制的电路图中，可以看到右边有两条线路，可以安装两个开关，一个双控的控制客厅，一个三控的控制厨房的圆灯和 LED 灯管，在左侧可以安装一个三控开关，夜晚居家更加便利。

在设计电路中，设计师要考虑到户主居家便利。

（1）打开"电气图库"，选中"暗装单控三联开关"进行复制（快捷键：Ctrl+C），如图 3-129所示。

（2）粘贴（快捷键：Ctrl+V）到"室内电气电路布置图"中三控线路处，如图 3-130 所示。

（3）选中"暗装单控双联开关"进行复制（快捷键：Ctrl+C），如图 3-131 所示。

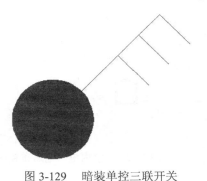

图 3-129　暗装单控三联开关

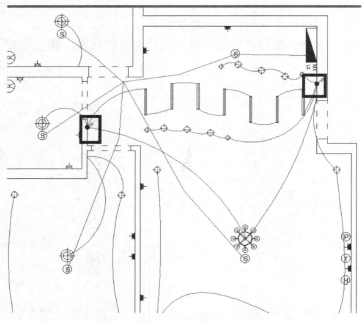

图 3-130　室内电气电路布置图之暗装单控三联开关　　　　图 3-131　　暗装单控双联开关

（4）粘贴（快捷键：Ctrl+V）到"室内电气电路布置图"中的合适位置，如图 3-132 所示。

（5）选中"暗装单控开关"进行复制（快捷键：Ctrl+C），如图 3-133 所示。

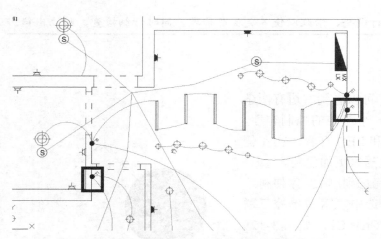

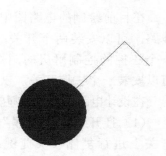

图 3-132　室内电气电路布置图之暗装单控双联开关　　　　图 3-133　　暗装单控开关

（6）粘贴（快捷键：Ctrl+V）到"室内电气电路布置图"中单线处，如图 3-134 所示。

（7）完成"室内电气电路布置图"的绘制，如图 3-135 所示。

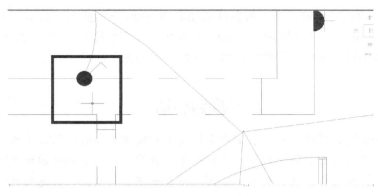

图 3-134　室内电气电路布置图之暗装单控开关

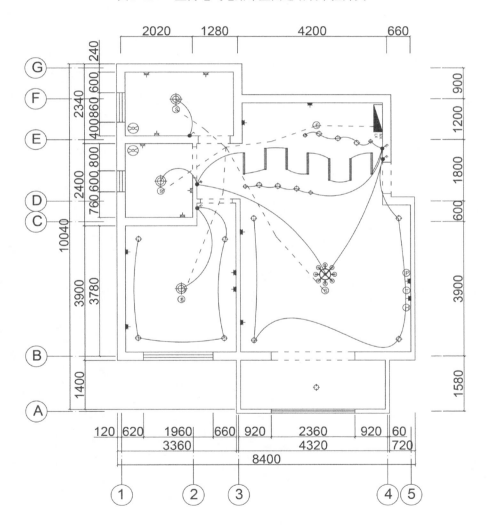

室内电气电路布置图　1:100

图 3-135　室内电气电路布置图

将这样一个"电气电路布置"图交给电气施工员，他就会按图进行安装、巡查。若发现诸如没有开关、插座的部位，则一般会从地面起 300mm 安装插座（厨房与卫生间会从地面起 1600mm 安装插座），从地面起 1500mm 安装开关。若想添加一些其他功能的电气设备，电气施工员也会根据业主或设计师的要求，进行实际的施工和操作。

项目小结

　　本项目从建筑装饰装修与室内装潢施工的角度对装饰集团公司项目工程中必不可少的四大平面施工图（室内地面材料铺装图、室内平面布置图、室内顶棚平面布置图、室内电气电路布置图）做了详细的分步骤的讲解。这四大图既是施工的依据，又是项目经理监督施工的规范标准。

项目 **4**

绘制室内客厅立面图

任务4.1 绘制室内客厅立面内视符号

通过对本情境的学习，掌握以下知识和方法。
☑ 了解室内客厅立面图的正确制图顺序。
☑ 掌握立面内视符号的正确绘制方法。
☑ 理解立面内视符号的意义。

● 任务内容

在掌握建筑制图与识图的基础上，打开 AutoCAD 2014，通过绘制立面内视符号掌握其正确应用。

● 实施条件

1. 台式计算机或笔记本电脑。

2. AutoCAD 2014 正版软件。

微课视频 **24**：

《绘制立面内视符号》

http://182.92.225.223/web/shareVideo/
index.action?id=1000096&ajax=1

任务实施

一、绘制立面内视符号

接下来，由之前的平面布置图进入立面布置图的学习。需要在平面图中标示出室内客厅的立面内饰符号来指示各个立面的背景墙。

（1）进入"0"图层，或进入"墙体"图层。

（2）单击【矩形】按钮，绘制一个边长为"600"的正方形，如图 4-1 所示。

图 4-1　边长为"600"的正方形

⚠ **注意**
绘制过程中有可能出现图 4-2 所示的情况。

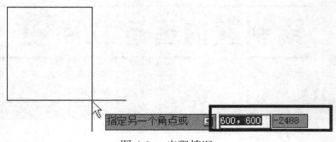

图 4-2   出现情况

⚠ **注意**
绘制时，在输入数值之前，一定要使输入法处于"英"文的状态，而不是"中"文和大写字母"A"的状态。这样就可以避免这种情况的发生。

（3）单击【圆】按钮，绘制一个半径为"300"的圆，如图 4-3 所示。
（4）选中绘制的正方形，执行"偏移"命令，单击【分解】按钮，输入偏移数值为"300"，按【空格键】确认，将正方形的左边线和上边线进行偏移，如图 4-4 所示。

图 4-3   半径为"300"的圆

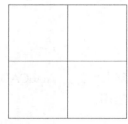

图 4-4   偏移边线

📖 **说明**
为什么要这样偏移呢？因为可以将圆的圆心和正方形的中心进行对齐。

（5）选中绘制的圆，单击【移动】按钮，移动点设置为"圆心"，将圆移动至正方形内，使圆心与正方形的中心重合，与正方形的四边相内切，如图 4-5 所示。
（6）选中绘制的图形，单击【旋转】按钮，旋转角度为"45°"，旋转结果如图 4-6 所示。
（7）单击【图案填充】按钮，打开"图案填充和渐变色"命令框，打开"填充图案选项板"选择第一个图案样例"SOLID"，如图 4-7 所示。

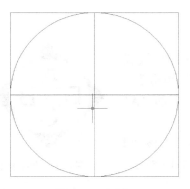

图 4-5　内切

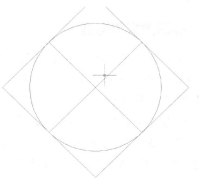

图 4-6　旋转

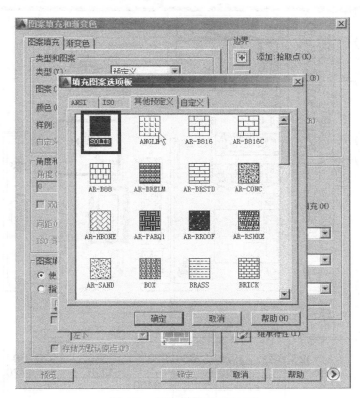

图 4-7　图案样例"SOLID"

（8）单击【确定】按钮退出"填充图案选项板"，单击【拾取点】按钮进行图案填充。在图中会看到填充的图案是闭合的，按【空格键】确认，在"图案填充和渐变色"命令框中单击【确定】按钮退出，完成外围填充，如图 4-8 所示。

图 4-8　图案填充

二、标识内视符号数字

（1）单击【多行文字】按钮，输入字母"A"，文字高度设置为"150"，单击【确定】按钮。选中"A"调整到合适位置，单击【复制】按钮，复制到其他框内，按【Esc键】退出。将复制后的"A"依次改为"B"、"C"、"D"，如图4-9所示。

（2）将绘制完的室内客厅立面内视符号选中，单击【移动】按钮，移动到"室内家居平面布置图"的中间位置，如图4-10所示。

图4-9 数字标识

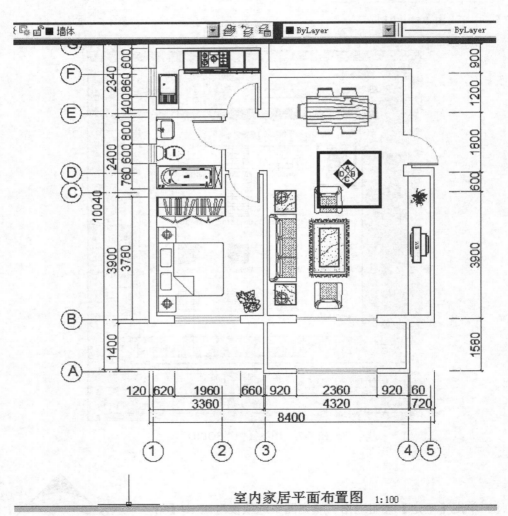

图4-10 符号放置到室内家居平面布置图

📖 **说明**

其中，"A"代表"A"所指方向的立面墙，称为"A立面墙"，同理，"B"、"C"、"D"所指方向的立面墙，分别称为"B立面墙"、"C立面墙"、"D立面墙"。

任务4.2　绘制室内客厅立面基础图

学习目标

通过对本情境的学习，掌握以下知识和方法。

▫ 了解室内客厅立面基础图的正确制图方法。

▫ 掌握按位置参考线绘制室内客厅立面图的方法。

任务描述

● 任务内容

在了解室内平面图的基础上，打开 AutoCAD 2014，绘制室内客厅立面基础图。

● 实施条件

1. 台式计算机或笔记本电脑。

2. AutoCAD 2014 正版软件。

任务实施

一、复制室内客厅

将"室内家居平面布置图"进行复制，对复制后的平面图进行一些处理。

将平面图中的"尺寸标注"选中，按【Delete 键】删除，同时将卧室、厨房、卫生间、阳台也删除，因为是绘制室内客厅立面图，用不到它们。留下完整的客厅，如图 4-11 所示。

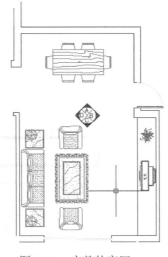

图 4-11　完整的客厅

微课视频 25：

《绘制室内客厅基础立面图》

http://182.92.225.223/web/shareVideo/index.action?id=1000114&ajax=1

二、绘制室内客厅基础立面

需要借鉴平面图来绘制立面图，绘制时要以严谨的态度认真绘制。

（1）进入"墙体"图层。

（2）单击【直线】按钮，绘制直线（注意：绘制水平、竖直直线时可按【F8】打开正交），围成一个围合空间，将客厅包围，如图 4-12 所示。

（3）绘制 A 立面墙，选中线，将其向上延伸，如图 4-13 所示。

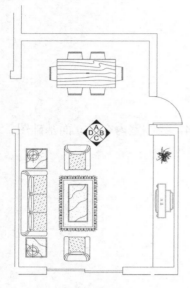

图 4-12　包围客厅

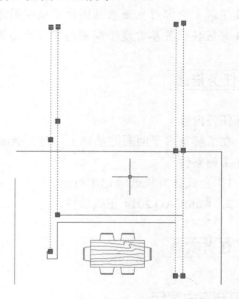

图 4-13　延伸直线

（4）将围框的上边线选中，单击【复制】按钮，输入数值为"2700"（注意："2700"表示房屋高度），按【空格键】确认，如图 4-14 所示。

（5）对此直线执行"复制"命令，向下复制，距离以方便修剪为宜，如图 4-15 所示。

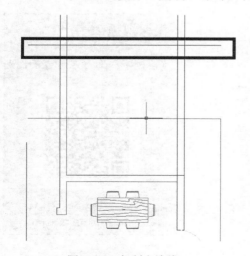

图 4-14　复制上边线

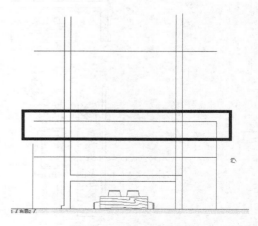

图 4-15　向下复制直线

（6）选中绘制的图形上半部分，单击【修剪】按钮，进行修剪，如图 4-16 所示。

此时看到的这个面就是 A 立面图。

（7）选中"室内家居平面布置图"的图名和比例以及下划线，单击【复制】按钮，复制到绘制的"A 立面墙"下方，更改图名为"A 立面布置图"，更改比例为"1:50"，同时将下划线修改成合适长度，并将图名、比例、下划线移动至 A 立面墙的正下方合适位置，如图 4-17 所示。

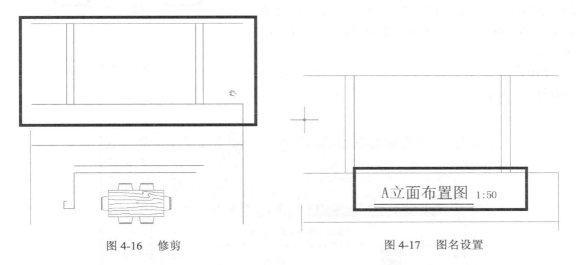

图 4-16　修剪　　　　　　　　　　　　　图 4-17　图名设置

（8）对"A 立面布置图"进行图案填充，打开"图案填充和渐变色"命令框，在"填充图案选项板"中选择一个钢筋图案样例"JIS_WOOD"，如图 4-18 所示。

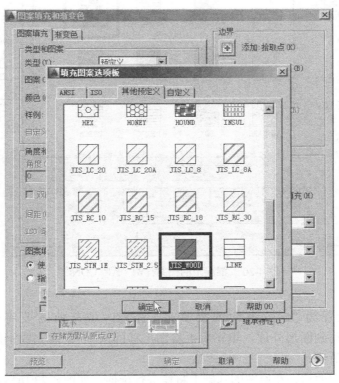

图 4-18　钢筋图案样例"JIS_WOOD"

（9）单击【确定】按钮退出"图案填充选项板"，在"图案填充和渐变色"命令框中将比例设置为"70"（注意：若没有更改比例，填充时看到图像比较小时，可按【Esc 键】退回到"图案填充选项板"进行比例修改），单击【拾取点】按钮，在图中选择填充的图形，按【空格键】确认，单击"图案填充和渐变色"命令框中的【确定】按钮退出。如图 4-19 所示。

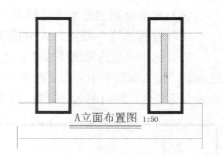

图 4-19　图案填充

（10）单击【图案填充】按钮，在"图案填充选项板"中选择一个混凝土的图案样例"AR_CONC"，如图 4-20 所示。

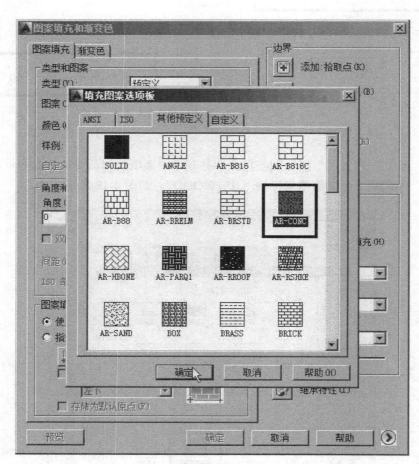

图 4-20　混凝土的图案样例"AR_CONC"

（11）比例设置为"2"，进行图案填充（注意：填充前需要将先前填充的图案"JIS_WOOD"移动到图形外边，填充后再将图形移回来），绘制完成钢筋混凝土的墙，如图 4-21、图 4-22 所示。

（12）绘制 B 立面墙、在原图的基础上将线进行延伸，如图 4-23 所示。

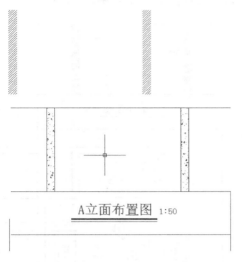

图 4-21   移动填充

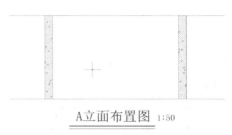

图 4-22   钢筋混凝土墙

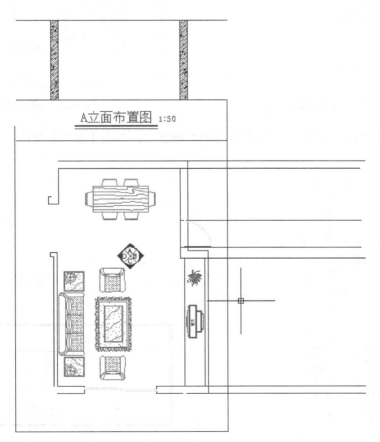

图 4-23 延伸直线

（13）将边框的右边线选中，单击【复制】按钮，向外复制，输入数值为"2700"，按【空格键】确认。再将其向里复制，距离不定，如图4-24所示。

（14）将绘制的图形选中，单击【修剪】按钮，进行修剪，如图 4-25 所示。

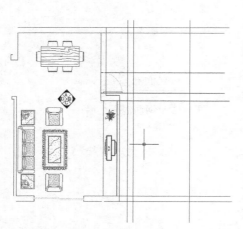

图 4-24　复制右边线

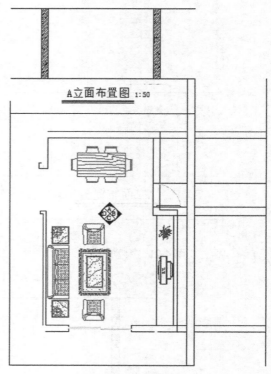

图 4-25　修剪图形

（15）选中"B 立面墙"，将其向右边的空地移动，单击【旋转】按钮，逆时针旋转 90°，如图 4-26 所示。

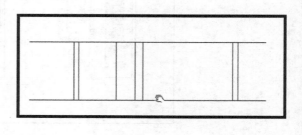

图 4-26　逆时针旋转 90°

（16）单击【图案填充】按钮，对两侧墙体填充"混凝土"，比例设置为"2"，如图 4-27 所示。

图 4-27　混凝土图案填充

（17）为了使图看起来更美观工整，单击【矩形】按钮，绘制一个辅助边框，选中绘制的图形，如图 4-28 所示。

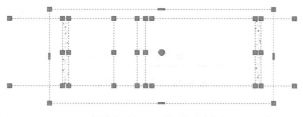

图 4-28　辅助边框

（18）将框两边多余的直线进行修剪，修剪完按【Delete 键】将辅助框删除，如图 4-29 所示。

图 4-29　修剪图形

（19）选中绘制的"B 立面墙"将其移动到"A 立面墙"的旁边，复制"A 立面墙"的图名并改为" B 立面布置图"，如图 4-30 所示。

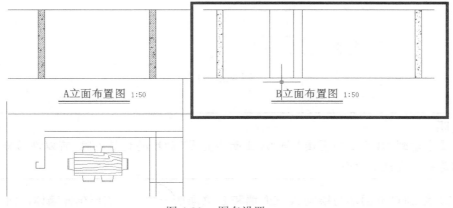

图 4-30　图名设置

📖 **说明**

在 B 立面墙上有个入户门，所以需要在"B 立面墙"上进行改动。

（20）选中"B 立面布置图"的下边线，单击【复制】按钮，向上复制，输入数值为"2400"（注意："2400"表示门洞高度），按【空格键】确认，如图 4-31 所示。

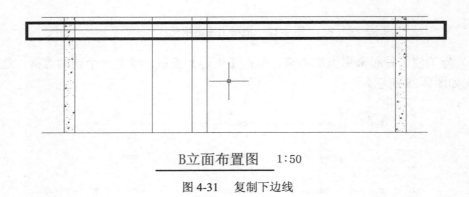

B立面布置图　1:50

图 4-31　复制下边线

（21）选中绘制的图，单击【修剪】按钮，修剪出门洞，如图 4-32 所示。

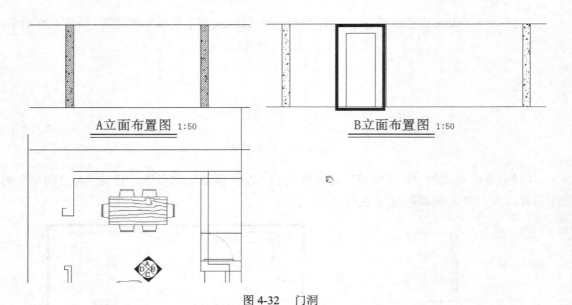

A立面布置图 1:50　　　　　　B立面布置图 1:50

图 4-32　门洞

📖 **说明**

在图中看到"B 立面布置图"与"A 立面布置图"的墙的材料不同，可以在后期一起填充，墙体都是钢筋混凝土材料。

（22）绘制 C 立面墙与绘制 A 立面墙和 B 立面墙一样，均需要延伸墙体，向上、向下复制、修剪，如图 4-33 所示。

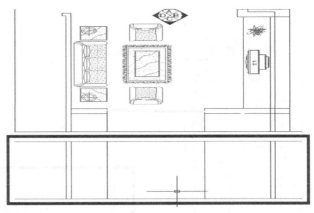

图 4-33 绘制 C 立面墙

（23）选中绘制的图形，单击【镜像】按钮，若想和"B 立面图"一样，单击【旋转】按钮，则旋转角度将是 180°，如图 4-34 所示。

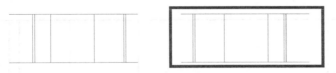

图 4-34 镜像图形

（24）单击【矩形】按钮，绘制辅助框，进行修剪，使图形更加美观精致，修剪完删除辅助框，如图 4-35 所示。

图 4-35 修剪图形

（25）选中图的上边线，单击【复制】按钮，向下复制，输入数值为"300"，按【空格键】确认，同时选中绘制的图形，进行修剪，如图 4-36 所示。

（26）选中图形，单击【移动】按钮，将其移动到"B 立面布置图"的旁边，将图名设置为"C 立面布置图"。

（27）绘制 D 立面墙与之前相同，延伸墙体，复制边线，进行修剪，选定修剪后的图形，单击【移动】按钮，移到一旁的空地，单击【旋转】按钮，顺时针旋转 90°，如图 4-37 所示。

（28）将辅助图选中，按【Delete 键】删除，选中绘制的"D 立面墙"，单击【移动】按钮，移动至"B 立面布置图"的下方，同时将"C 立面墙"移动至"A 立面布置图"的下方。为了美观，将过长的线进行修剪，可使用"矩形"绘制辅助框进行辅助，修剪完记得删除辅助框，如图 4-38 所示。

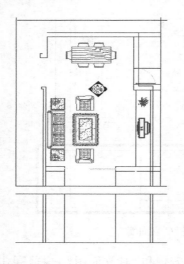
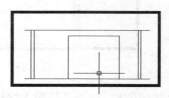

图 4-36　修剪门洞

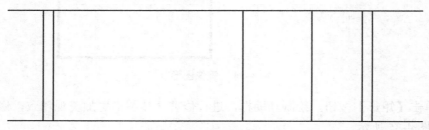

图 4-37　D 立面墙

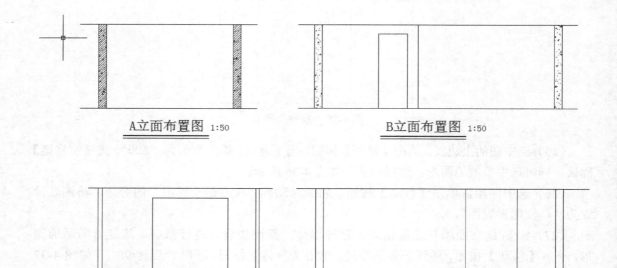

A立面布置图 1:50　　　　　　　　　B立面布置图 1:50

图 4-38　立面图分布

（29）单击【图案填充】按钮，对墙体进行填充，填充成"钢筋混凝土"材料的墙，如图 4-39 所示。

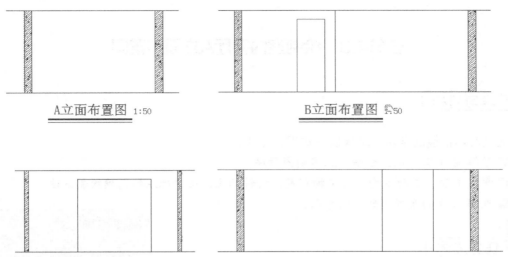

A立面布置图 1:50

B立面布置图 1:50

图 4-39 填充墙体

⚠ 注意

如果先填充"混凝土"，那么在填充"钢筋"前，要将填充的"混凝土"移动到一旁，填充完"钢筋"再将"混凝土"图案移到图形中；同理，若先填充"钢筋"，也是如此。

（30）在"D 立面墙"图中，选中上边线，单击【复制】按钮，向下复制，输入数值为"300"，按【空格键】确认。选中图形，单击【修剪】按钮，进行修剪，完成门洞绘制，如图 4-40 所示。

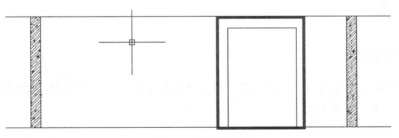

图 4-40 门洞绘制

（31）选中"A 立面墙"和"B 立面墙"的图名，单击【复制】按钮，复制到 C、D 立面墙图的下方，更改图名为"C 立面布置图"、"D 立面布置图"，如图 4-41 所示。

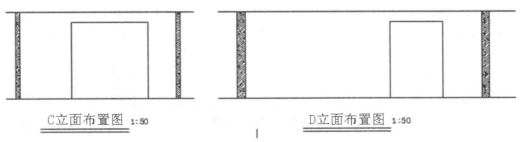

C立面布置图 1:50

D立面布置图 1:50

图 4-41 更改图名

任务4.3　绘制室内客厅A立面布置图

 学习目标

通过对本情境的学习，掌握以下知识和方法。

☑ 了解室内客厅 A 立面图的正确制图顺序。

☑ 掌握吊顶、墙面结构、装饰物布置、材料标注、尺寸标注的正确绘制方法。

☑ 理解 A 立面布置图的制图原则。

 任务描述

● 任务内容

在掌握建筑制图与识图的基础上，打开 AutoCAD 2014，学习室内客厅 A 立面图的绘制方法。

● 实施条件

1．台式计算机或笔记本电脑。

2．AutoCAD 2014 正版软件。

 任务实施

一、绘制A立面吊顶

（1）选中"A 立面布置图"的上边线，单击【复制】按钮，向下复制，输入数值为"150"，按【空格键】确认，如图 4-42 所示。

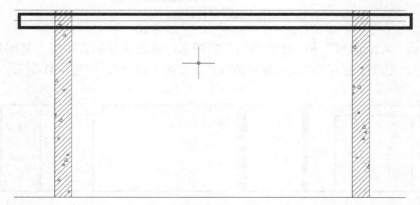

图 4-42　复制上边线

（2）选中绘制的线，以及与它相交的直线，单击【修剪】按钮进行修剪，如图 4-43 所示。

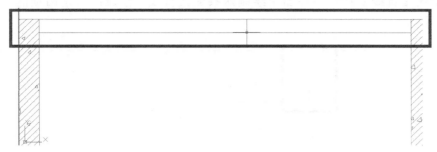

图 4-43　修剪直线

（3）选中修剪后的线，单击【复制】按钮，向上复制，输入数值为"10"，按【空格键】确认。选中复制后的线，单击【复制】按钮，向上复制，输入数值为"40"，按【空格键】确认。如图 4-44 所示。

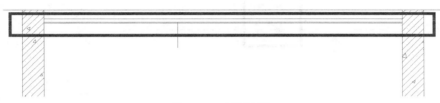

图 4-44　复制直线

（4）选中右墙体的左边线，单击【复制】按钮，复制到中间位置，选中相交的线，单击【修剪】按钮，将复制的线的下端修剪掉，只留下上部，如图 4-45 所示。

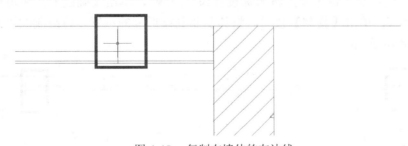

图 4-45　复制右墙体的左边线

（5）选中修剪后的线，单击【复制】按钮，向左复制，依次输入数值为"10"、"50"、"60"，按【空格键】确认，如图 4-46 所示。

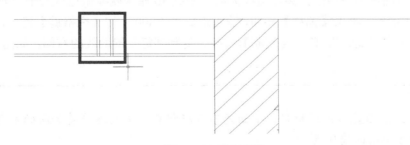

图 4-46　复制直线

（6）单击【直线】按钮，在图中绘制两条交叉直线（注意：这是吊顶的木质结构），如图 4-47 所示。

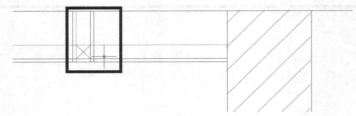

图 4-47　交叉直线

（7）选中复制的直线和交叉直线，如图 4-48 所示。

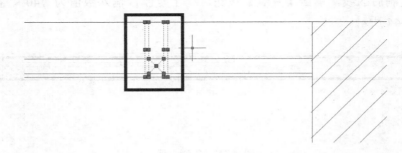

图 4-48　选中图形

（8）将其创建为块，在键盘上按【B 键】（注意：【B 键】是块定义的快捷键），按【空格键】，打开"块定义"命令框，将名称设置为"龙骨"，单击【确定】按钮退出。选中创建为块的"龙骨"，单击【复制】按钮，将其复制到靠近墙的位置，将绘制的"龙骨"移到图形外，如图 4-49 所示。

图 4-49　复制龙骨

（9）选中右墙体的左边线，离左边线大约 1 米或 80 厘米就要做这么一个"龙骨"吊顶，选择距离为 80 厘米。单击【偏移】按钮，输入距离为"800"，按【空格键】确认，进行偏移，绘制辅助线。选中"龙骨"，单击【复制】按钮，复制到每条辅助线的右侧，如图 4-50 所示。删除辅助线。

📖 说明

在图中看到上面是吊顶的材料，下面是石膏板材料，中间连接着竖向的木龙骨，木龙骨用膨胀螺栓跟上面的墙体连接。

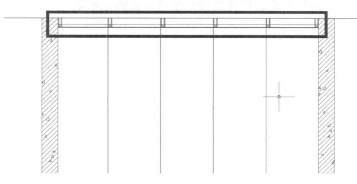

图 4-50　放置龙骨

二、绘制A立面墙面结构与装饰

（1）选中左墙体的内墙体线，单击【复制】按钮，向右进行复制，输入数值为"120"，按【空格键】确认。选中复制后的线及与其相交的直线，单击【修剪】按钮，修剪掉复制线的上端，如图 4-51 所示。

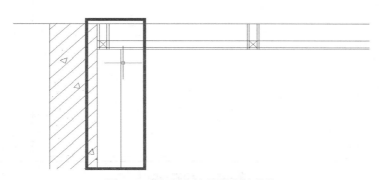

图 4-51　复制左墙体的内墙体线

（2）选中修剪完的直线，单击【复制】按钮，向右复制，输入数值为"600"，按【空格键】确认；选中复制后的直线，重复步骤，输入数值为"600"；重复步骤，输入数值为"2100"；重复步骤，输入数值为"500"，如图 4-52 所示。

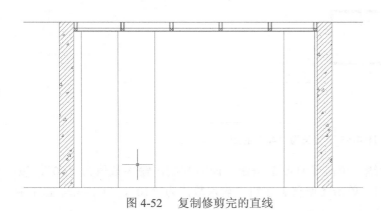

图 4-52　复制修剪完的直线

（3）在图 4-53 所示的左下角的墙体处做一个马赛克的艺术条。

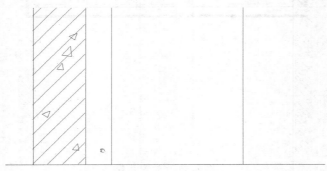

图 4-53　左下角的墙体

（4）选中图的下边线，单击"复制"按钮，向上复制，输入数值为"50"，按【空格键】确认，绘制踢脚线。选中踢脚线及与其相交的直线，单击【修剪】按钮进行修剪，如图 4-54 所示。

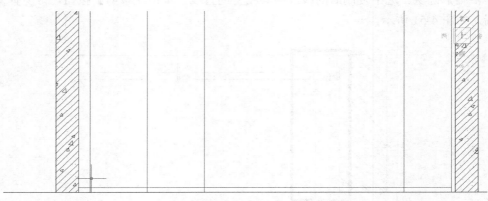

图 4-54　绘制踢脚线

（5）单击【矩形】按钮，在左墙体下方踢脚线处绘制一个边长为"40"的矩形，如图 4-55 所示。

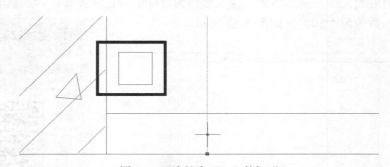

图 4-55　边长为"40"的矩形

（6）选中绘制的 120 的辅助线，单击【复制】按钮，向右复制，输入数值为"60"，按【空格键】确认，完成中线的绘制。单击【偏移】按钮，输入数值为"10"，将中线向左右各进行偏移，按【Esc 键】退出。如图 4-56 所示。

（7）选中绘制的矩形，将其移动到偏移的左线处，如图 4-57 所示。

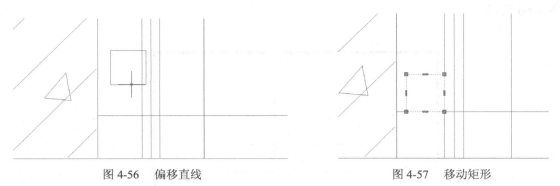

图 4-56　偏移直线　　　　　　　图 4-57　移动矩形

（8）选中矩形，单击【复制】按钮，复制到偏移右线处，如图 4-58 所示。

图 4-58　复制矩形

（9）选中左侧的矩形，单击【矩形阵列】按钮，如图 4-59 所示。

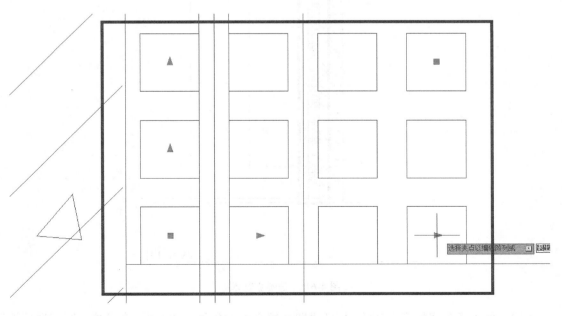

图 4-59　矩形阵列

（10）鼠标放置在右侧下方的小三角处，当其变成红色时，单击将其拖成三行两列，如图 4-60 所示。

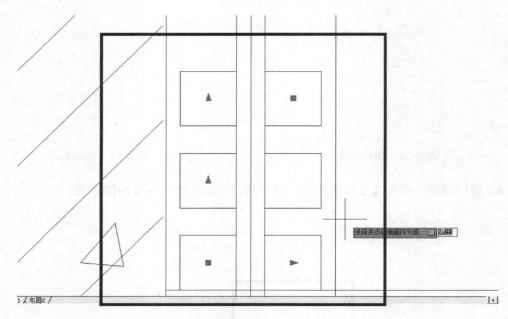

图 4-60　三行两列

（11）鼠标放置在左侧上方的小三角处，当其变成红色时，单击将其拖至顶部，删除中线以及偏移后的辅助线，完成马赛克艺术条的绘制，如图 4-61 所示。

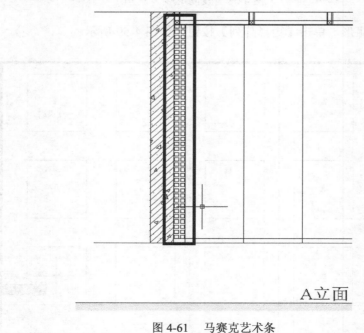

A立面

图 4-61　马赛克艺术条

（12）单击【图案填充】按钮，打开"图案填充和渐变色"命令框，在"填充图案选项板"中选择裂冰玻璃图案样例"SACNCR"，如图 4-62 所示。

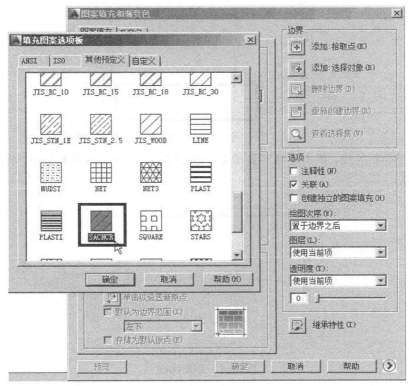

图 4-62　裂冰玻璃图案样例"SACNCR"

（13）单击【确定】按钮，在"图案填充和渐变色"命令框中将比例设置为"80"，单击【拾取点】按钮，在图中选择填充的部位，按【空格键】确认，在"图案填充和渐变色"命令框中单击【确定】按钮。如图 4-63 所示。

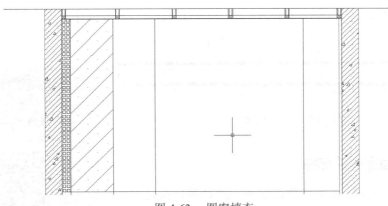

图 4-63　图案填充

（14）选择踢脚线，单击【复制】按钮，向上复制，输入数值为"55"，按【空格键】确认。单击【偏移】按钮，输入数值为"55"，将"2100"空间处的两条竖直线向里偏移，如图 4-64 所示。

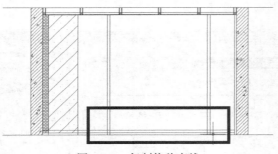

图 4-64　复制偏移直线

（15）选择绘制的线，单击【修剪】按钮，进行修剪，单击【倒角】按钮，将其进行倒角，如图 4-65 所示。

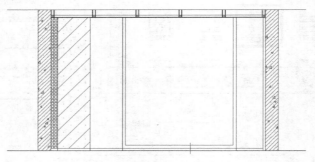

图 4-65　倒角绘制

（16）挂画离地面 400 毫米的距离，选择下边线，单击【复制】按钮，向上复制，输入距离为"400"，按【空格键】确认，如图 4-66 所示。

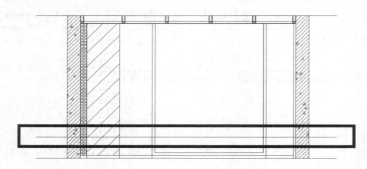

图 4-66　复制直线

三、布置A立面室内装饰物

在靠近马赛克艺术条的部位，安装一些饰品，美化房间。有的饰品需要绘制，有的可以在模型库中找到。

（1）选中马赛克艺术条的右边线，单击【复制】按钮，向右复制，输入数值为"90"，按【空格键】确认，绘制一条辅助线，如图 4-67 所示。

微课视频 28：

《绘制 A 立面布置图 3》

http://182.92.225.223/web/shareVideo/
index.action?id=1000100&ajax=1

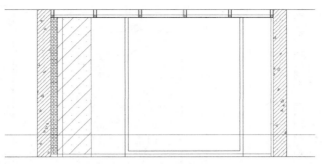

图 4-67　绘制辅助线

（2）打开"饰物"图库，选中 A 立面墙需要的饰物，进行复制（快捷键：Ctrl+C），如图 4-68
所示。

图 4-68　选中 A 立面墙饰物

（3）粘贴（快捷键：Ctrl+V）到 A 立面墙的合适位置，如图 4-69 所示。

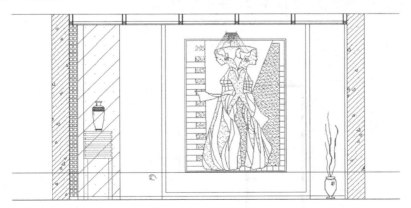

图 4-69　放置饰物

（4）选中图中绘制的辅助线，按【Delete 键】删除，如图 4-70 所示。

（5）在图中上部有一个射灯，选中射灯，单击【移动】按钮，将其移动到顶部位置，如
图 4-71 所示。

图 4-70　删除辅助线

图 4-71　移动射灯

（6）在图的左下角可以看到后面的玻璃和前面的桌腿重合了，所以需要对它进行修剪。单击【矩形】按钮，绘制矩形，选中矩形和后面的玻璃线，单击【修剪】按钮进行修剪，修剪完将绘制的辅助矩形删除，如图 4-72、图 4-73 所示。

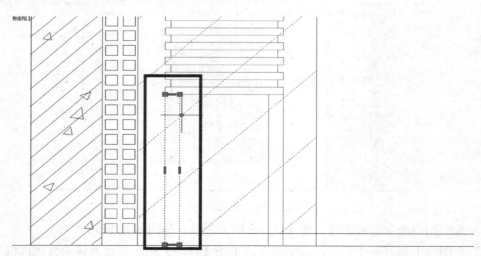

图 4-72　修剪重合部位

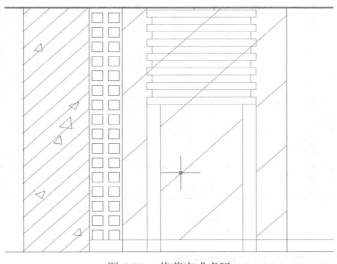

图 4-73　修剪完成桌腿

（7）运用同样的方法绘制辅助矩形，单击【修剪】按钮，完成对重合的调整，同时将踢脚线进行修剪，如图 4-74 所示。

图 4-74　修剪图形

⚠️ **注意**

单击【矩形】按钮，绘制矩形（此矩形为辅助矩形），然后选中矩形和与之重合的倾斜的"玻璃"线条，单击【修剪】按钮延矩形"框内部分"进行修前。修前完成后，将绘制的辅助矩形删除，如图 4-72、图 4-73 所示。

对于图右侧的花瓶，不用绘制辅助矩形，而是运用打断的方法来修剪。

（8）选中踢脚线，单击【打断】按钮，进行打断，从而完成绘制，如图 4-75 所示。

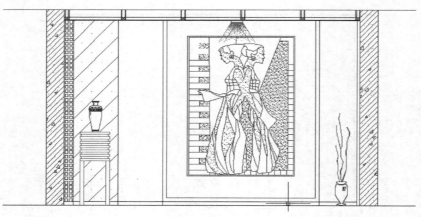

图 4-75　完成绘制

四、室内客厅A立面材料注释与尺寸标注

进行尺寸标注时，不仅要对墙体进行标注还要对饰品以及材料进行标注。这里将原本绘制好的标注内容复制、粘贴到图中。

（1）选中图名、比例和下划线，单击【移动】按钮，将其向下移动。选中绘制好的标注，进行复制（快捷键：Ctrl+C），如图 4-76 所示。

白色水泥漆　　艺术喷绘　　格栅射灯　　　　　　白色水泥漆

马赛克

冰裂玻璃

黑胡桃木条

方钢黑色漆

50mm木踢脚白色漆

图 4-76　选中注释说明

（2）粘贴（快捷键：Ctrl+V）到图中合适的位置，如图 4-77 所示。

（3）单击菜单栏中的【标注】按钮，在下滑栏中选择"线性"，进行尺寸标注，如图 4-78所示。

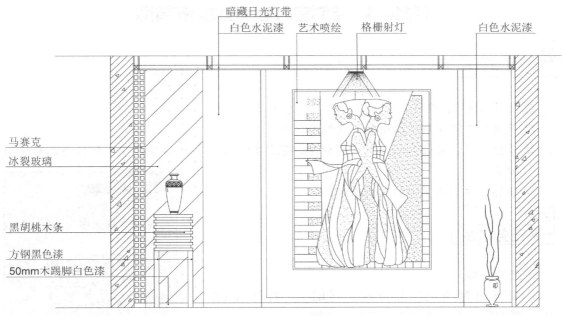

图 4-77 注释说明

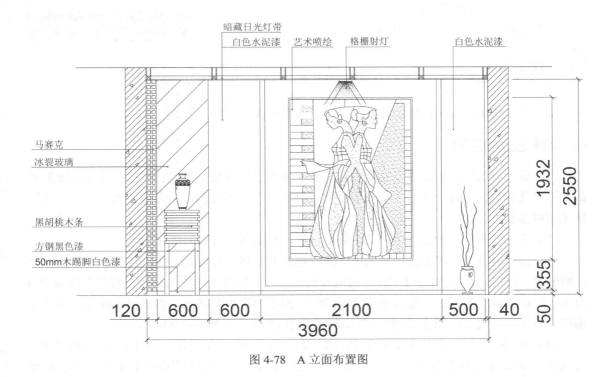

图 4-78 A 立面布置图

至此,"A 立面布置图"的绘制就完成了。

任务4.4 绘制室内客厅B立面布置图

**学习目标**

通过对本情境的学习，掌握以下知识和方法。

- ☐ 了解室内客厅B立面图的正确制图顺序。
- ☐ 掌握吊顶、墙面结构、电视背景墙、装饰物布置、材料标注、尺寸标注的正确绘制方法。
- ☐ 理解B立面布置图的制图原则。

任务描述

微课视频29：

《绘制 B 立面布置图 1》

http://182.92.225.223/web/shareVideo/
index.action?id=1000101&ajax=1

- ● 任务内容

在掌握建筑制图与识图的基础上，打开 AutoCAD 2014，学习室内客厅B立面图的绘制方法。

- ● 实施条件
1．台式计算机或笔记本电脑。
2．AutoCAD 2014 正版软件。

**任务实施**

B 立面布置图里有入户门、餐厅的另一面墙和电视背景墙。

一、绘制B立面吊顶

（1）选中上边线，单击【复制】按钮，向下复制，输入数值为"150"，按【空格键】确认。选中复制后的直线，单击【复制】按钮，分别向上、下复制，输入数值为"50"、"10"，按【空格键】确认。

（2）选中绘制好的龙骨，单击【复制】按钮，复制到靠近墙的位置。

（3）以电视背景墙的左侧为参照线，选中电视背景墙的左侧线，单击【偏移】按钮，输入数值为"800"，按【空格键】确认，将电视背景墙左右侧线各向中间进行偏移，按【Esc 键】退出。单击【偏移】按钮，输入数值为"120"，按【空格键】确认，将偏移的线各向外进行偏移，偏移完按【Esc 键】退出，完成辅助线的绘制，如图 4-79 所示。

（4）选中龙骨，单击【复制】按钮，复制到靠近墙的位置。选中向上偏移"50"的直线，单击【复制】按钮，向上复制到交叉直线的上方，按【空格键】确认，选中复制后的直线，单击【复制】按钮，向上复制，输入数值为"30"，按【空格键】确认，如图 4-80 所示。

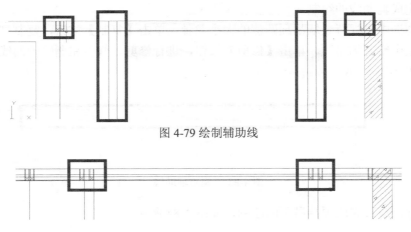

图 4-79 绘制辅助线

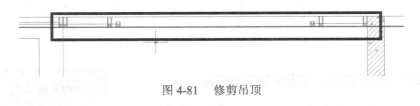

图 4-80　放置龙骨

（5）选中图的上方，也就是绘制的吊顶部位，单击【修剪】按钮，对电视背景墙吊顶进行修剪。修剪时，要先选中居中的两个龙骨，单击【分解】按钮，进行分解（注意：不分解就不能对其进行修剪），修剪完删除绘制的辅助线，完成电视背景墙吊顶的绘制，如图 4-81 所示。

![修剪吊顶]

图 4-81　修剪吊顶

⚠ 注意

在绘制吊顶时，可以返回平面图中进行数据查询，辅助绘制，防止出错，同时还可以更清楚地了解构造。

（6）选中左墙体的内墙体线，单击【复制】按钮，向右复制，输入数值为"1370"，按【空格键】确认，如图 4-82 所示。

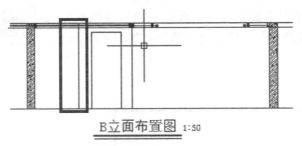

B立面布置图 1:50

图 4-82　复制内墙体线

（7）选中复制后的线，单击【复制】按钮，向右复制，输入数值为"850"，按【空格键】确认。单击【偏移】按钮，输入数值为"120"，按【空格键】确认，将复制的两条线各向外进行偏移，完成辅助线的绘制。

（8）分别选中电视背景墙吊顶两侧的大小龙骨，单击【复制】按钮，复制到入户门吊顶靠近墙处。选中绘制的吊顶，单击【修剪】按钮，进行修剪，修剪完删除辅助线，完成吊顶的绘制，如图 4-83 所示。

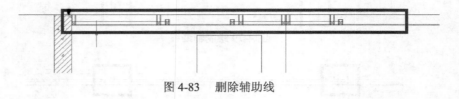

图 4-83　删除辅助线

（9）进行调整，完成顶端吊顶的绘制，如图 4-84 所示。

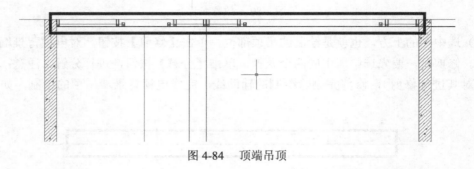

图 4-84　顶端吊顶

二、绘制B立面电视背景墙墙面结构与装饰

（1）选中左侧墙体的内墙体线，单击【复制】按钮，向右进行复制，输入数值为"760"，按【空格键】确认。选中复制的线及与其相交的吊顶线，单击【修剪】按钮，进行修剪。

📖 说明
　　这里要在入户门的左侧，放置一个鞋柜。

（2）选中下边线，单击【复制】按钮，向上复制，输入数值为"175"，按【空格键】确认，选中复制的直线及与其相交的直线，单击【修剪】按钮，进行修剪，如图 4-85 所示。

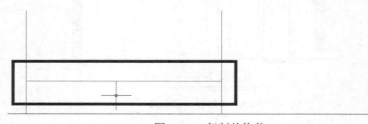

图 4-85　复制并修剪

（3）选中修剪后的直线，单击【复制】按钮，向上复制，输入数值为"700"，按【空格键】

确认。单击【偏移】按钮，输入数值为"25"，按【空格键】确认。将修剪线两边的直线向内进行偏移，将修剪线分别向上、下进行偏移，将复制线向下进行偏移，按【Esc键】退出偏移。单击【偏移】按钮，输入数值为"55"，将两侧偏移后的竖直线向内进行偏移。完成下面是金属材质，上面是胡桃木的一个饰面，如图4-86所示。

（4）选中鞋柜的最左边直线，单击【复制】按钮，向右进行复制，输入数值为"475"，绘制一条中线，单击【偏移】按钮，输入数值为"25"，按【空格键】确认，将中线向两边进行偏移，按【Esc键】退出偏移。选中绘制的鞋柜，单击【修剪】按钮，进行修剪，完成鞋柜的绘制，如图4-87所示。

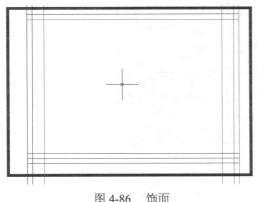

图4-86 饰面

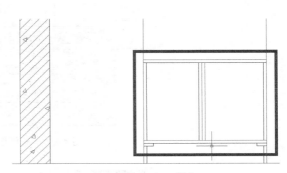

图4-87 鞋柜

（5）选中下边线，单击【复制】按钮，向上复制，输入数值为"50"，按【空格键】确认，完成踢脚线的绘制。选中踢脚线及鞋柜腿的竖直线，单击【修剪】按钮，将与鞋柜腿重合的线修剪掉，表示鞋柜在墙的前面。为了表明鞋柜下面是镂空的，单击【直线】按钮，绘制镂空符号，如图4-88所示。

下面，对鞋柜的左边墙进行墙纸饰面填充。

（6）单击【图案填充】按钮，打开"图案填充和渐变色"命令框，在"填充图案选项板"中选择墙纸图案样例"LINE"，如图4-89所示。

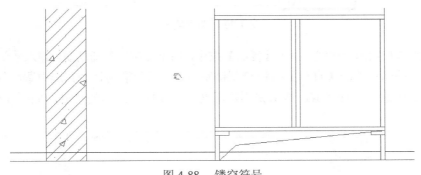

图4-88 镂空符号

（7）单击【确定】按钮，在"图案填充和渐变色"命令框中，将比例设置为"10"，单击【拾取点】按钮，在图中选择填充的位置，按【空格键】确认，单击"图案填充和渐变色"命令框中的【确定】按钮完成填充，如图4-90所示。

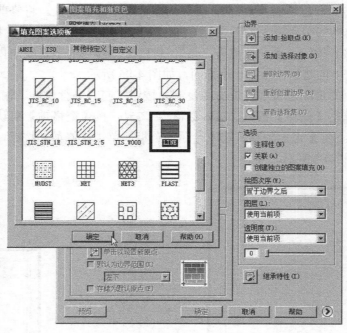

图 4-89　墙纸图案样例"LINE"

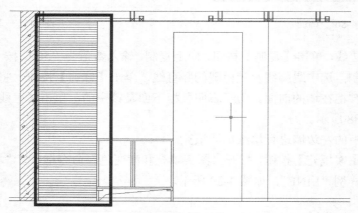

图 4-90　图案填充

（8）选中入户门的上边线，单击【复制】按钮，向下复制一条辅助线，输入数值为"1200"，按【空格键】确认；单击【直线】按钮绘制镂空线，表示门洞为镂空；选中踢脚线和入户门，单击【修剪】按钮，进行修剪，修剪完删除辅助线，完成入户门的绘制，如图 4-91 所示。

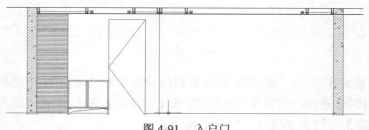

图 4-91　入户门

📖 **说明**

在电视背景墙处布置一个银灰色铝塑板的装饰台面，作为放置古董、瓷器等观赏品的展览柜。

（9）选中电视背景墙的左墙线为参照线，单击【复制】按钮，向右复制，输入数值为"500"，按【空格键】确认。

📖 **说明**

展览柜距离地面 800 毫米，上面放置物品高度为 1 米左右，以符合人们的视觉习惯。

（10）选择"B立面布置图"的下边线，单击【复制】按钮，向上复制，输入数值为"800"，按【空格键】确认。选中绘制的图，单击【修剪】按钮，进行修剪，如图 4-92 所示。

📖 **说明**

在展览柜的台面上放置一块玻璃，会显得更加美观。玻璃厚度一般设置为"8毫米"。

（11）选中台面线，单击【复制】按钮，向下复制，输入数值为"8"，按【空格键】确认，完成玻璃的绘制；向上复制，输入数值为"1100"，按【空格键】确认，绘制一条暗藏有日光灯带的喷砂玻璃群，使电视背景墙显得美观大方，如图 4-93 所示。

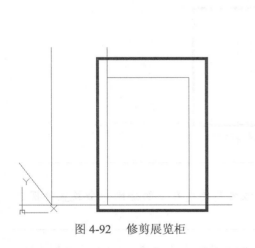

图 4-92　修剪展览柜

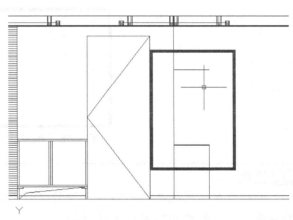

图 4-93　复制直线

（12）选中向上复制的直线，将其延伸至右墙体的内墙体线。选中延伸后的直线，单击【复制】按钮，向上复制，输入数值为"400"，按【空格键】确认。单击【偏移】按钮，输入数值为"1430"，按【空格键】确认，将电视背景墙的左边线向右进行偏移，再将偏移后的直线向右偏移"1430"；选中绘制的图形，单击【修剪】按钮，进行修剪，完成玻璃木板的绘制，如图 4-94 所示。

（13）单击【圆】按钮，在玻璃木板中绘制镶入其中的半径为"10"毫米的广告钉（说明：广告钉是为了将玻璃板材与背景墙完美结合），选中绘制的广告钉，移动至合适位置，单击【复制】按钮，将其复制到需要镶入的位置。同样，也可以先完成一块玻璃木板广告钉的镶入，再选中该广告钉，单击【复制】按钮，将其复制到其他玻璃木板的合适位置，如图 4-95 所示。

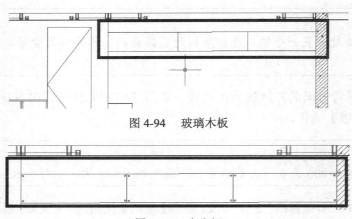

图 4-94　玻璃木板

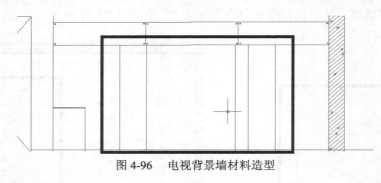

图 4-95　广告钉

（14）选中展示柜的右边线，单击【复制】按钮，向右复制，输入数值为"530"，按【空格键】确认，选中复制的线及玻璃木板的下边线，单击【延伸】按钮进行延伸。选中延伸后的直线，单击【复制】按钮，向右复制，输入数值为"415"，按【空格键】确认；依次选中复制后的直线，向右进行复制，输入数值分别为"1370"、"200"、"415"（注意：在复制时可以按【F3】打开正交，辅助复制），完成电视背景墙后面的材料造型，如图 4-96 所示。

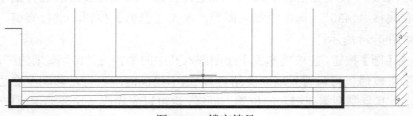

图 4-96　电视背景墙材料造型

📖 **说明**

电视背景墙用灰色的 PPG 乳胶漆的材料，但在做之前要先在下面绘制一个放置电视机的台面，用白色的 PPG 乳胶漆的材料。

（15）选中踢脚线，单击【复制】按钮，向上复制，输入数值为"100"，按【空格键】确认；依次选中复制后的直线，向上复制，输入数值为"40"、"110"。选中绘制的图形，单击【修剪】按钮，进行修剪，修剪完，单击【直线】按钮，绘制镂空符号，如图 4-97 所示。

图 4-97　镂空符号

（16）选中输入数值为"110"复制得到的直线，单击【复制】按钮，向上复制，输入数值为"55"，按【空格键】确认；选中复制后得到的直线，单击【复制】按钮，向上复制，输入数值为"100"，按【空格键】确认，如图4-98所示。

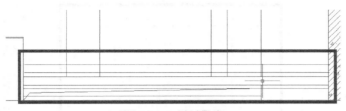

图4-98   复制直线

（17）选中绘制后的图形，进行修剪，当绘制的线条比较多时，要及时修剪，以免造成视觉混淆，如图4-99所示。

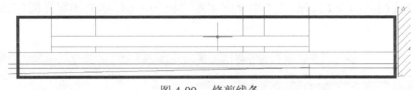

图4-99   修剪线条

📖 说明

将上面宽为100的台面处理为瓷白漆，下面宽为55的台面处理为蒙古黑花岗岩的反红纹理。形成黑白灰的色彩搭配，给人美的视觉感受。

（18）选中修剪后的上边线，单击【复制】按钮，向上复制，输入数值为"150"，按【空格键】确认，选中绘制的图形，进行修剪，如图4-100所示。

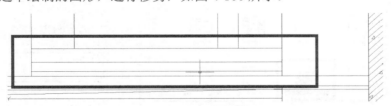

图4-100   复制并修剪图形

（19）选中修剪后的上边线，单击【复制】按钮，向上连续复制，依次输入数值为"400"、"800"、"1200"，按【空格键】确认，如图4-101所示。

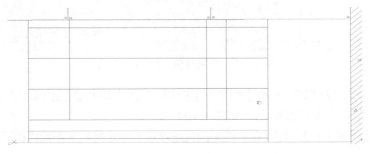

图4-101   复制直线

（20）选中绘制完的图形，单击【修剪】按钮，进行修剪，如图 4-102 所示。

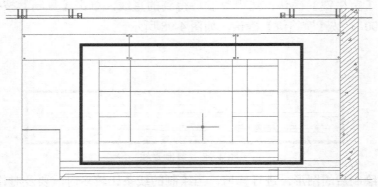

图 4-102　修剪图形

（21）单击【图案填充】按钮，在"填充图案选项板"中选择填充图案样例"JIS_LC_20A"，如图 4-103 所示。

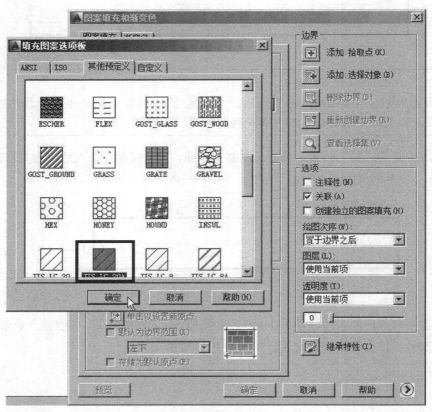

图 4-103　图案样例"JIS_LC_20A"

（22）将比例设置为"2"，单击【拾取点】按钮，在图中选择合适位置，按【空格键】确认，单击【确定】按钮，完成图案填充，如图 4-104 所示。

（23）单击【图案填充】按钮，在"填充图案选项板"中选择填充图案样例"GOST_GLASS"，如图 4-105 所示。

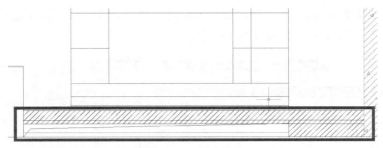

图 4-104　图案填充

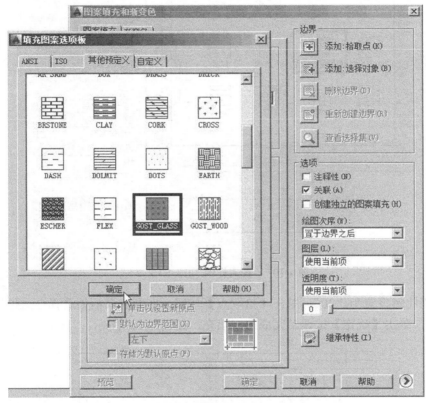

图 4-105　图案样例"GOST_GLASS"

（24）比例设置为"2"，单击【拾取点】按钮，在图中选择合适位置，按【空格键】确认，单击【确定】按钮，完成图案填充，如图 4-106 所示。

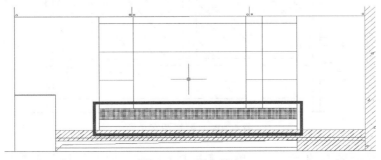

图 4-106　图案填充

（25）单击【图案填充】，对入户门处的鞋柜进行填充，在"填充图案选项板"中选择填充图案样例"JIS_STN_2.5"，如图 4-107 所示。

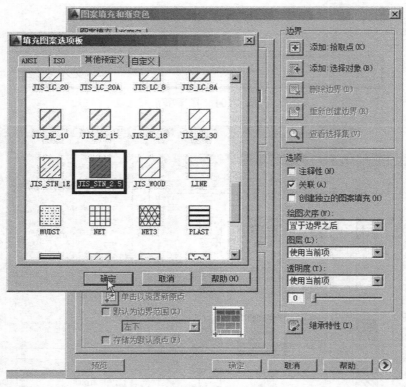

图 4-107　图案样例"JIS_STN_2.5"

（26）将比例设置为"20"，单击【拾取点】按钮，在图中鞋柜处选择合适位置，按【空格键】确认，单击【确定】按钮，完成图案填充，如图 4-108 所示。

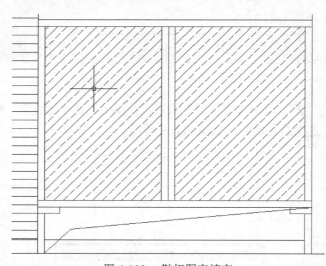

图 4-108　鞋柜图案填充

（27）选中填充图案的下边线，单击【复制】按钮，向上复制合适高度（大约为中线）

的一条直线作为辅助线，按【空格键】确认，单击【直线】按钮，绘制条纹，使鞋柜更加美观，绘制完删除复制线，如图 4-109 所示。

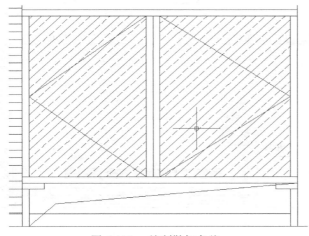

图 4-109 绘制鞋柜条纹

三、布置B立面室内装饰物

（1）选中绘制的线条，修改颜色，电视背景墙及玻璃木板处用洋红色，吊顶及放置电视机的台面用红色，如图 4-110 所示。

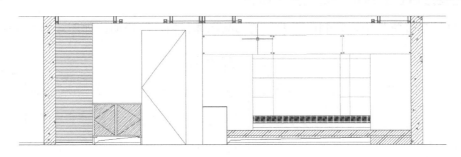

B立面布置图 1:50

图 4-110 修改线条颜色

（2）在提前做好的"B 饰物"中，将需要布置的饰物进行复制，如图 4-111 所示。

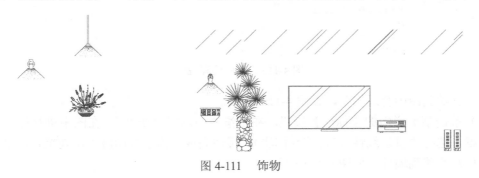

图 4-111 饰物

（3）粘贴到图中合适位置，选中饰物进行调整，重合部位进行修剪，如图 4-112 所示。

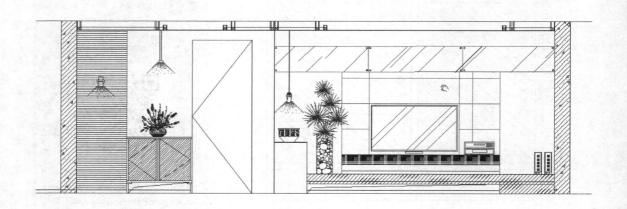

B立面布置图 1:50

图 4-112　放置饰物

四、室内客厅B立面材料注释与尺寸标注

（1）在"B饰物"中，复制已经做好的饰品墙体材料注释说明，如图 4-113 所示。

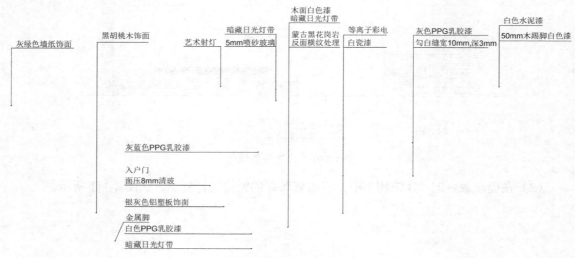

图 4-113　材料注释说明

（2）粘贴到图中合适位置，如图 4-114 所示。

（3）单击菜单栏中的【标注】按钮。在下滑栏中选择"线性"，在图中进行标注（单击鼠标右键，选择"重复线性"，可重复标注），标注完成，为了打印时不出现重合，以混淆视觉，将标注线移到墙外，如图 4-115 所示。

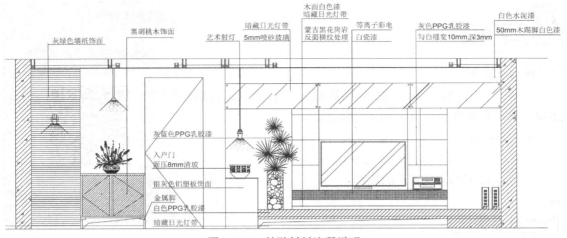

图 4-114   粘贴材料注释说明

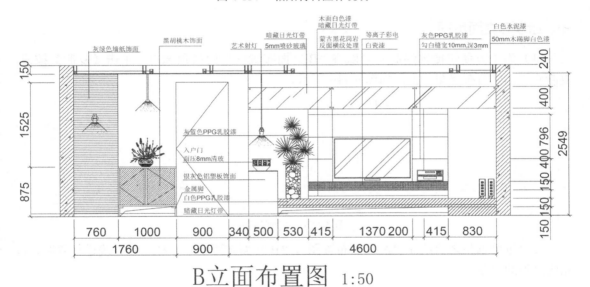

B立面布置图 1:50

图 4-115   B 立面布置图

至此，完成"B 立面布置图"的绘制。

任务4.5   绘制室内客厅C立面布置图

 学习目标

通过对本情境的学习，掌握以下知识和方法。

☐ 了解室内客厅 C 立面图的正确制图顺序。

☐ 掌握吊顶、墙面结构、阳台玻璃推拉门、装饰物布置、材料标注、尺寸标注的正确方法。

☐ 理解 C 立面布置图的制图原则。

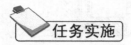任务描述

● 任务内容

在掌握建筑制图与识图的基础上，打开 AutoCAD 2014，学习室内客厅 C 立面图的绘制方法。

● 实施条件

1. 台式计算机或笔记本电脑。

2. AutoCAD 2014 正版软件。

任务实施

一、绘制C立面吊顶

（1）为了方便快捷地绘制，可以将"B 立面布置图"的吊顶选中，单击【复制】按钮，复制到"C 立面布置图"上，如图 4-116 所示。

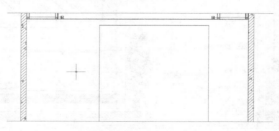

图 4-116　复制吊顶

（2）也可以与之前绘制"A 立面布置图"、"B 立面布置图"一样，对直线进行复制，以完成吊顶的绘制。

二、绘制C立面阳台玻璃推拉门

（1）单击【偏移】按钮，输入数值为"50"，按【空格键】确认。将下边线和墙面中间的线框边各向内进行偏移。单击菜单栏中的【工具】按钮，在下滑栏中的"查询"中选择"距离"，查询线框两边偏移后中间的距离，如图 4-117 所示。

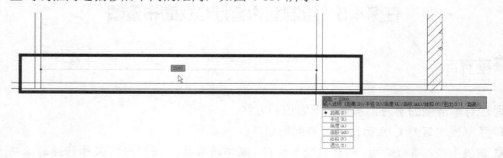

图 4-117　查询距离

（2）查询距离为"2260"，通过计算得到一半为"1130"，选中左侧偏移后的直线，单击【复制】按钮，输入数值为"1130"，按【空格键】确认，绘制中线，单击【偏移】按钮，输入数值为"50"，按【空格键】确认，将绘制的中线分别向两边偏移，如图 4-118 所示。

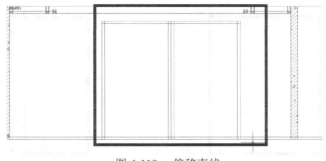

图 4-118　偏移直线

（3）选中绘制的推拉门，单击【修剪】按钮，进行修剪。单击【直线】按钮，绘制一条倾斜的直线，选中绘制的倾斜直线，单击【复制】按钮，复制到推拉门上合适位置，选中绘制的图形，单击【修剪】按钮，进行修剪，完成玻璃推拉门的绘制，如图 4-119 所示。

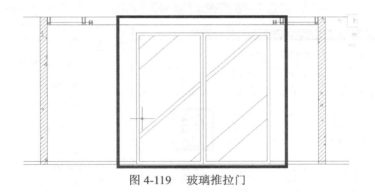

图 4-119　玻璃推拉门

三、绘制C立面墙面装饰条

（1）选中推拉门两侧的踢脚线与墙体线，单击【修剪】按钮进行修剪。单击【偏移】按钮，输入数值为"500"，按【空格键】确认，对推拉门两侧的踢脚线进行偏移，如图 4-120 所示。

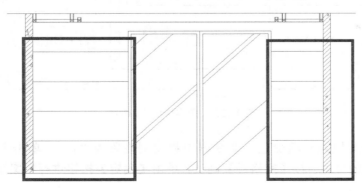

图 4-120　偏移踢脚线

（2）单击【偏移】按钮，输入数值为"50"，按【空格键】确认，将之前偏移得到的直线依次向上进行偏移，如图 4-121 所示。

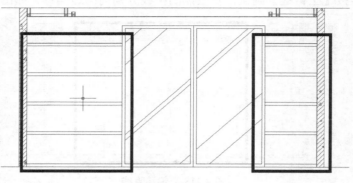

图 4-121　偏移直线

（3）单击【图案填充】按钮，在"填充图案选项板"中选择图案样例"LINE"，如图 4-122 所示。

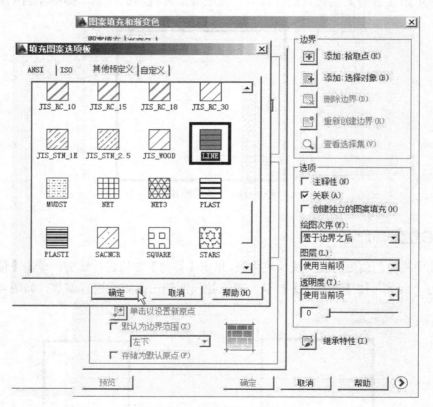

图 4-122　图案样例"LINE"

（4）在"图案填充和渐变色"命令框中将比例设置为"10"，单击【拾取点】按钮，在图中选择合适的位置，按【空格键】确认，单击【确定】按钮进行图案填充，如图 4-123 所示。

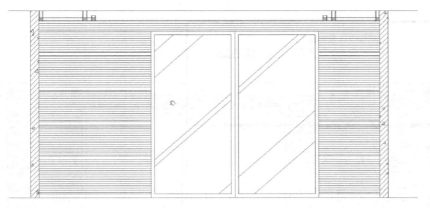

图 4-123 图案填充

四、室内客厅C立面材料注释与尺寸标注

（1）选择"B立面布置图"右侧上方的材料注释说明，如图 4-124 所示。

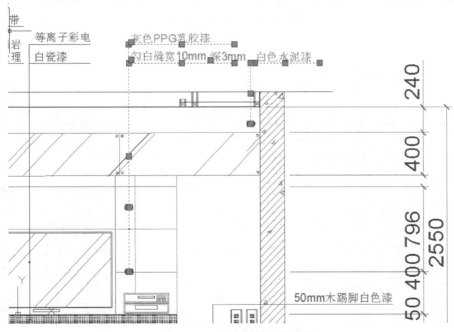

图 4-124 选中材料注释说明

（2）单击【复制】按钮，复制到"C立面布置图"中，对不合适的地方进行调整修改。选中 50mm 距离的直线，修改线条颜色为"洋红"。修改由"B立面布置图"复制过来的材料注释说明，如图 4-125 所示。

（3）选择图名、比例及下划线，单击【移动】按钮，向下移动。

（4）单击菜单栏中的【标注】按钮，在下滑栏中选择"线性"，在图中合适位置进行尺寸标注，标注时若出现不对的地方及时进行修改，标注完将标注线移到墙体外，避免打印时混淆，如图 4-126 所示。

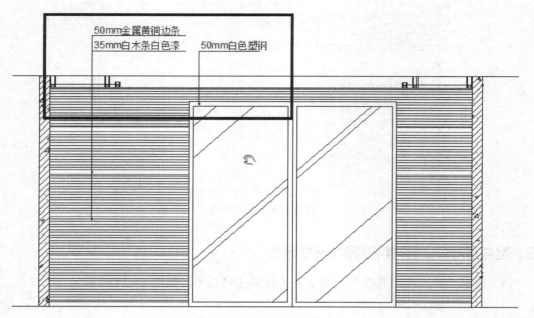

图 4-125　材料注释说明

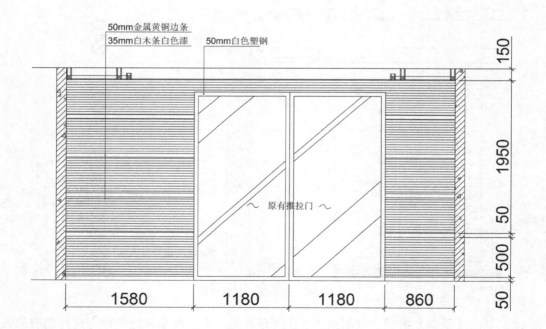

C立面布置图 1:50

图 4-126　C 立面布置图

至此，完成"C 立面布置图"的绘制。

任务4.6　绘制室内客厅D立面布置图

学习目标

通过对本情境的学习，掌握以下知识和方法。

◼ 了解室内客厅D立面图的正确制图顺序。

◼ 掌握吊顶、墙面结构、沙发背景墙、装饰物布置、材料标注、尺寸标注的正确方法。

◼ 理解客厅D立面布置图的制图原则。

任务描述

微课视频33：

《绘制D立面布置图1》

http://182.92.225.223/web/shareVideo/
index.action?id=1000105&ajax=1

● 任务内容

在掌握建筑制图与识图的基础上，打开AutoCAD 2014，学习室内客厅D立面图的绘制方法。

● 实施条件

1. 台式计算机或笔记本电脑。

2. AutoCAD 2014 正版软件。

任务实施

一、绘制D立面吊顶

与之前的立面布置图一样，需要先吊顶。

（1）选中"B立面布置图"的吊顶，单击【复制】按钮，复制到"D立面布置图"的上方。选中"D立面布置图"的上边线，单击【复制】按钮，输入数值为"150"，向下复制，绘制一条辅助线，如图4-127所示。

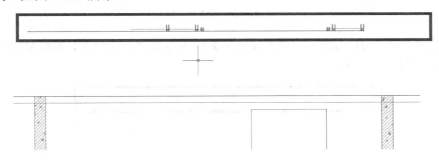

图4-127　复制吊顶

（2）选中复制的吊顶，单击【镜像】按钮，进行镜像，删除源对象（注意：在指示中出现"是否删除源对象"时，输入"Y"，按【空格键】即可删除源对象），如图4-128所示。

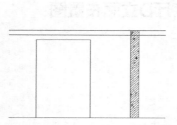

图 4-128　镜像吊顶

（3）选中镜像后的吊顶，单击【移动】按钮，将其移动到"D 立面布置图"中合适位置，删除绘制的辅助线，如图 4-129 所示。

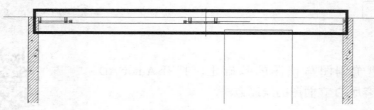

图 4-129　移动吊顶

（4）选中墙面中间框的右边线，单击【复制】按钮，向左进行复制，输入数值为"170"，按【空格键】确认。选中复制后的直线，单击【复制】按钮，向左进行复制，输入数值为"850"，按【空格键】确认。选中复制的两条直线及"D 立面布置图"的上边线，单击【延伸】按钮，进行延伸，完成辅助线的绘制，如图 4-130 所示。

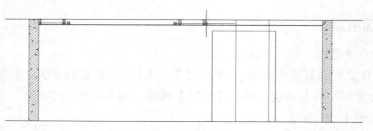

图 4-130　绘制辅助线

（5）选中吊顶上的"龙骨"，单击【复制】按钮复制到合适位置，删除辅助线，完成吊顶的绘制，如图 4-131 所示。

图 4-131　吊顶

二、绘制D立面沙发背景墙墙面结构与装饰

（1）选中左墙体的内墙体线，单击【复制】按钮，向右进行复制，输入数值为"100"，按【空格键】确认，选中复制的直线和吊顶线，修剪掉吊顶中的直线部分，如图4-132所示。

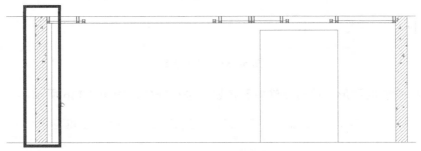

图4-132   复制墙体线

（2）选中修剪后的直线，单击【复制】按钮，向右进行复制，输入数值为"440"，按【空格键】确认，选中复制后的直线，进行复制，输入数值为"3500"，如图4-133所示。

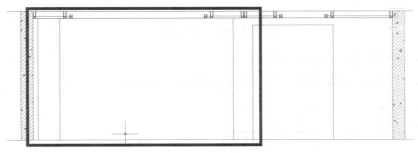

图4-133   复制直线

（3）选中"D立面布置图"的下边线，单击【复制】按钮，向上进行复制，输入数值为"50"，按【空格键】确认，选中绘制的踢脚线及竖直线，单击【修剪】按钮，完成踢脚线的绘制，如图4-134所示。

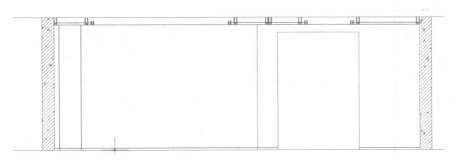

图4-134   修剪踢脚线

（4）选中左侧的踢脚线，单击【复制】按钮，向上进行复制，输入数值为"1150"，按【空格键】确认，依次选中复制后的直线，向上进行复制，输入数值依次为"50"、"300"、"50"，如图4-135所示。

图 4-135 复制直线

（5）选中绘制的图形，单击【修剪】按钮，进行修剪，如图 4-136 所示。

图 4-136 修剪图形

（6）选中左侧的直线，如图 4-137 所示。

（7）单击【打断于点】按钮，将直线进行打断，如图 4-138 所示。

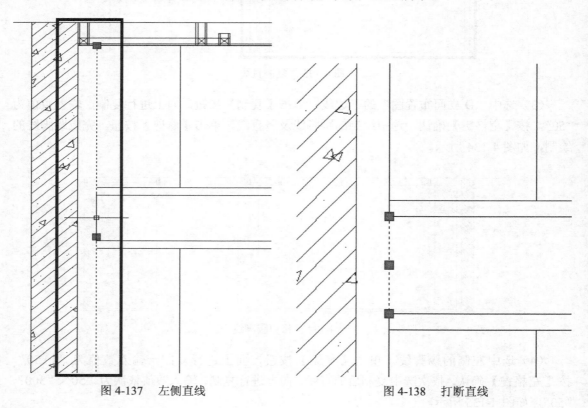

图 4-137 左侧直线　　　　　　　　图 4-138 打断直线

（8）选中打断于点后的中间线段，单击【复制】按钮，连续向右进行复制，依次输入数值为"600"、"900"、"1500"、"1800"、"2400"、"2700"，如图4-139所示。

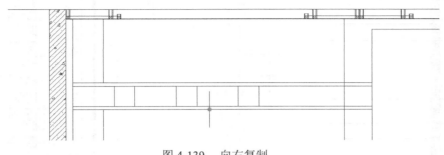

图4-139 向右复制

三、布置D立面室内装饰物

（1）在"A立面布置图"中，选中左侧墙体处的马赛克艺术条以及柜子的饰物，如图4-140所示。

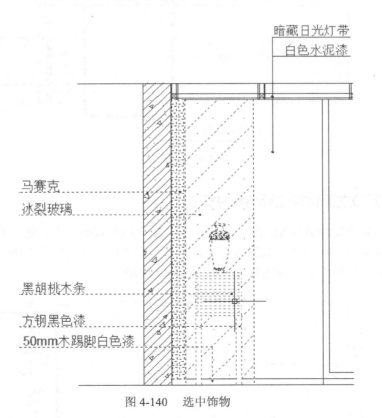

图4-140 选中饰物

（2）单击【复制】按钮，将其复制到"D立面布置图"的旁边空白处，选中图形，单击【镜像】按钮，进行镜像，删除源对象，如图4-141所示。

（3）选中镜像后的图形，单击【移动】按钮，将其移动到门的右侧墙面的合适位置，并进行修剪，如图4-142所示。

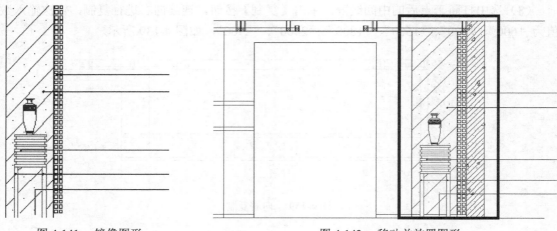

图 4-141　镜像图形　　　　　　　图 4-142　移动并放置图形

（4）单击【直线】按钮，在门处绘制镂空符号，表示门是镂空的，如图 4-143 所示。

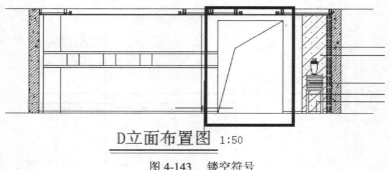

D立面布置图 1:50

图 4-143　镂空符号

四、室内客厅D立面材料注释与尺寸标注

（1）为了装饰物体方位绘制统一原则，从"A立面布置图"中，选中对马赛克艺术条及饰物等的注释说明，单击【复制】按钮，将其复制到"D立面布置图"中，根据需要将其调整到"D立面布置图"右侧合适位置，如图 4-144 所示。

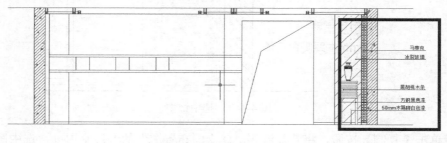

D立面布置图 1:50

图 4-144　注释说明

（2）选中事先绘制好的"D 饰物"，进行复制，如图 4-145
所示。

（3）粘贴到图中合适位置，并对重合部位进行修改，如
图 4-146 所示。

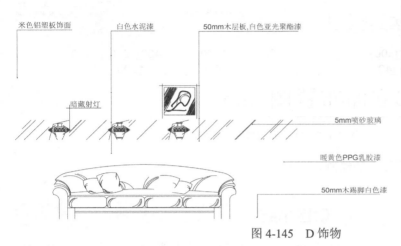

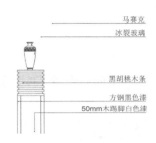

图 4-145　D 饰物

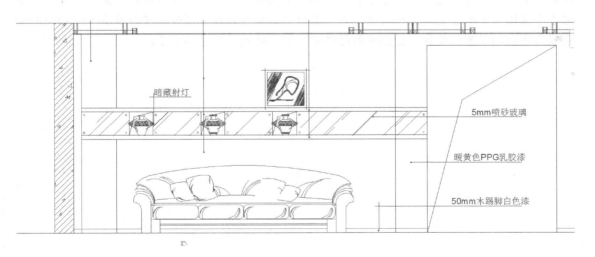

图 4-146　放置图中

📖 **说明**

尺寸标注中选中图名、比例及下划线，将其向下移动。

（4）单击菜单栏中的"标注"按钮，选择下滑栏中的"线性"，不断"重复线性"，在图
中进行尺寸标注，如图 4-147 所示。

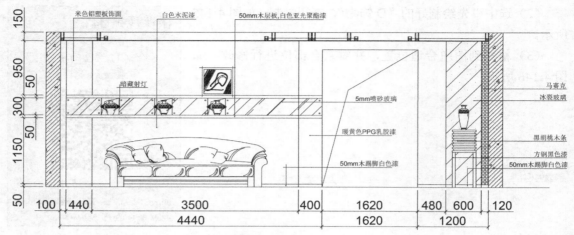

D立面布置图 1:50

图 4-147　D 立面布置图

至此，完成"D 立面布置图"的绘制。

项目小结

本项目继承了项目 3 中的建筑结构与平面布置，对客厅、餐厅整体空间做了 A、B、C、D 4 个方向的立面布置图（含效果、材料的选择与施工工艺），从吊顶到门窗结构等，都遵循了平面图当中所涉及的规格尺寸。这一部分的讲解可以改善部分读者与社会装饰企业的专业能力要求相脱节的情况，让读者的思维由二维转换到三维空间上来。

项目 5

绘制室内客厅 B 立面电视背景墙剖面图、大样图并虚拟输出打印

任务5.1　绘制客厅B立面电视背景墙剖面图

通过对本情境的学习，掌握以下知识和方法。

▢ 掌握剖切符号和索引符号的绘制方法。

▢ 掌握木方、七厘板、饰面板、喷砂玻璃、玻璃广告钉、灯管、乳胶漆板材、踢脚线、花岗岩石材、电视机剖面的绘制方法。

▢ 掌握图名、材料注释、尺寸标注的标准绘制方法。

任务描述

● 任务内容

根据制图标准的相关规范，以标准的绘制流程绘制客厅 B 立面电视背景墙的剖面图。

● 实施条件

1. 台式计算机或笔记本电脑。

2. AutoCAD 2014 正版软件。

为了提供施工依据，在客厅"B 立面布置图"中对电视背景墙进行剖切，如图 5-1 所示。

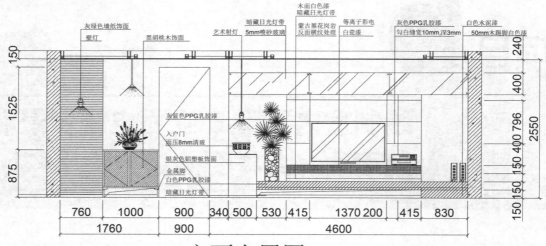

B立面布置图 1:50

图 5-1　电视背景墙

一、绘制剖切符号

（1）单击【直线】按钮，在图中绘制剖切符号，如图 5-2 所示。

（2）在图中可以看到剖切符号不明显，选中"图名"下方的"粗直线"，单击【复制】按钮，复制到剖切符号上方，进行调整，完成剖切符号的绘制，如图 5-3 所示。

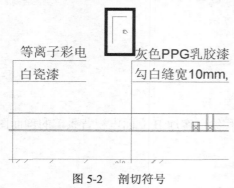

图 5-2　剖切符号

微课视频 35：

《绘制 B 立面电视背景墙剖面图 1》

http://182.92.225.223/web/shareVideo/
index.action?id=1000108&ajax=1

（3）选中定位轴线编号的数字"1"，单击【复制】按钮，复制到剖切符号的旁边，如图 5-4 所示。

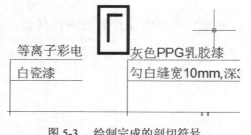

图 5-3　绘制完成的剖切符号

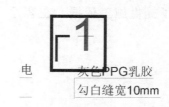

图 5-4　复制数字

（4）选中复制后的数字，双击鼠标左键进行修改，将"文字高度"设置为"150"，按【回车键】查看效果，单击【确定】按钮退出"文字格式"命令框，如图5-5所示。

（4）选中复制后的数字，双击鼠标左键进行修改，将"文字高度"设置为"150"，按【回车键】查看效果，单击【确定】按钮退出"文字格式"命令框，如图5-5所示。

（4）选中复制后的数字，双击鼠标左键进行修改，将"文字高度"设置为"150"，按【回车键】查看效果，单击【确定】按钮退出"文字格式"命令框，如图 5-5 所示。

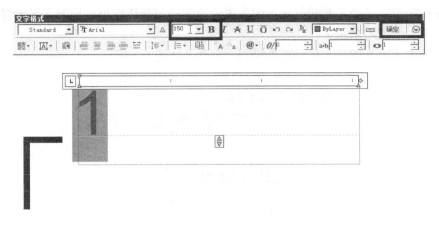

图 5-5　设置文字

（5）选中编号数字，移动到剖切符号旁的合适位置，如图 5-6 所示。

（6）选中绘制的剖切符号和数字编号，单击【镜像】按钮，进行镜像，按【空格键】确认，如图 5-7 所示。

图 5-6　剖切符号编号

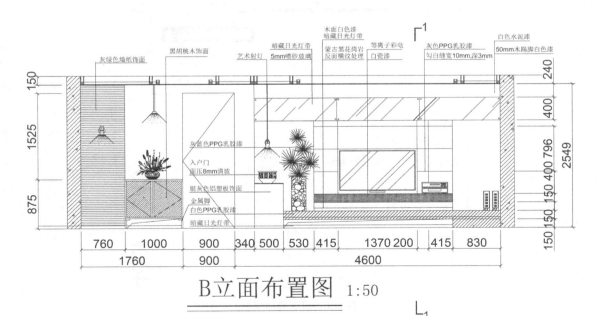

图 5-7　完成剖切符号的绘制

二、绘制索引符号

吊顶在施工中是个重要的位置，因为图中绘制的吊顶比较小，施工人员会看不清楚，所以要做一个大样图用来施工。

（1）单击【圆】按钮，在吊顶处绘制一个圆，如图 5-8 所示。

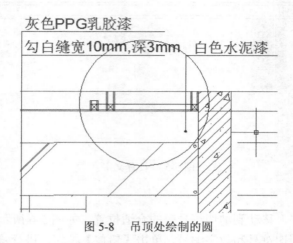

图 5-8　吊顶处绘制的圆

（2）选中绘制的圆，将线型设置为虚线，如图 5-9 所示。

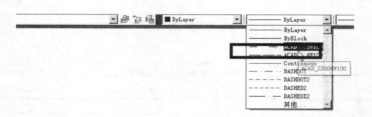

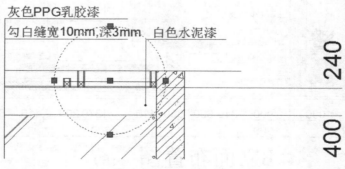

图 5-9　设置圆的线型

（3）单击【多段线】按钮，绘制索引符号，选中定位轴线编号，单击【复制】按钮，复制到索引符号旁，表明此位置另附图说明，选中编号的圆圈，将颜色设置为"黑"，如图 5-10 所示。

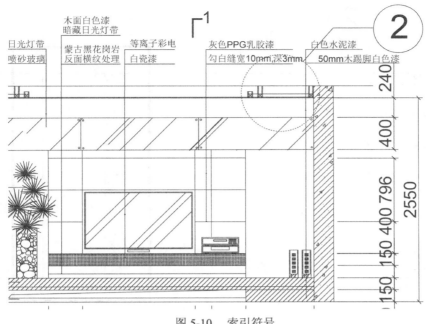

图 5-10　索引符号

三、绘制剖面图

（1）选择目前绘制的"B 立面布置图"，单击【复制】按钮，复制到下方，对其进行修改，绘制 1—1 剖面图。

（2）选择右侧的尺寸标注，按【Delete 键】进行删除，选中"B 立面布置图"的上下边线，向右进行延伸。选中右墙体，单击【复制】按钮，向右进行复制，如图 5-11 所示。

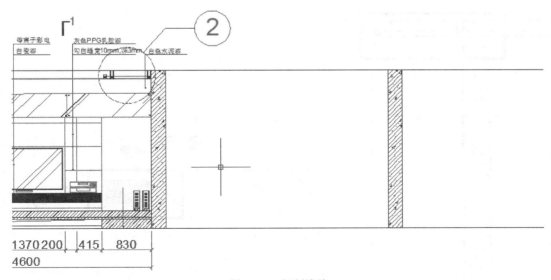

图 5-11　复制墙体

（3）选中复制后墙体的右边线，单击【复制】按钮，向右进行复制，输入数值为"800"，按【空格键】确认，如图 5-12 所示。

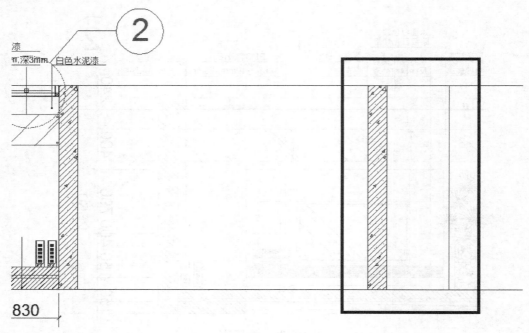

图 5-12 复制墙体线

（4）选中复制的直线，单击【延伸】按钮，将吊顶上的两条红色直线延伸至复制后的直线，选中绘制的龙骨，单击【复制】按钮进行复制，复制到延伸后吊顶的合适位置，如图 5-13 所示。

（5）选中电视背景墙后的直线，进行延伸。单击菜单栏中的【工具】按钮，选择下滑栏中"查询"中的"距离"，对图中的蒙古黑花岗岩的反面纹理板材直线进行距离查询，查询到距离为"53"，如图 5-14 所示。

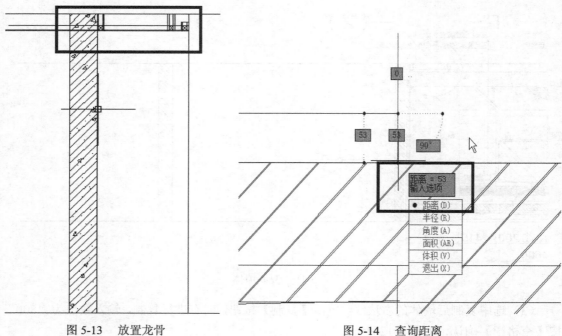

图 5-13 放置龙骨　　　　　　　　图 5-14 查询距离

⚠️ **注意**

对喷砂玻璃、电视上方的暗藏的灯带、灰色 PPG 乳胶漆的绘制墙、放置电视的台面边线、踢脚线等从上到下的全部横向直线进行延伸，延伸到适当位置即可，如图 5-15 所示。

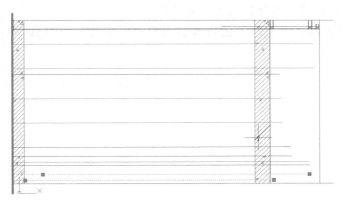

图 5-15　直线延伸

📖 **说明**

完成背景墙的直线延伸。电视背景墙采用灰色 PPG 乳胶漆，同时需要安装七厘板。按照由厚到薄的方式对直线进行绘制，并利用选中的直线，对电视柜体进行绘制。

在绘制时，可以参照原平面图，防止出错并明确绘制尺寸。例如绘制电视柜时，就可以回到之前绘制好的"室内家居平面布置图"进行尺寸参考，可以运用菜单栏中的"工具"下滑栏中的"查询"中的"距离"进行距离查询，从而进一步确定尺寸数据，如图 5-16 所示。

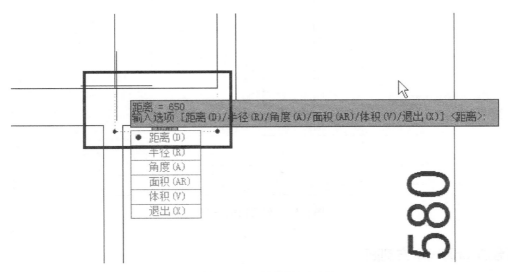

图 5-16　平面图尺寸查询

绘制剖面图时不仅要与立面图结合，也要与平面图结合，以便更准确地确定尺寸数据，完成绘制，只有平、立、剖图形完全对应起来，才能保证绘制的准确性。相互比对还可以发现绘制中的错误，从而及时改正。

（6）选择复制后得到的墙体的右边线，单击【复制】按钮，向右进行复制，输入数值为"650"，按【空格键】确认。依次选中复制后的直线，单击【复制】按钮，向左进行复制，输入数值为"200"，按【空格键】确认，如图5-17所示。

（7）观察绘制的图，将不够长的直线进行延伸，将超出的直线进行修剪，如图5-18所示。

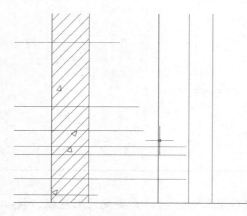
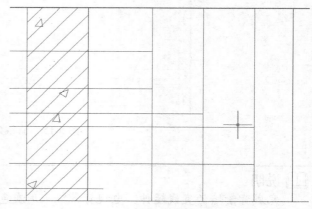

图5-17　复制直线　　　　　　　　　　　图5-18　修剪直线

（8）选中绘制的图形，单击【修剪】按钮，进行修剪，修剪出柜底的形状，如图5-19所示。

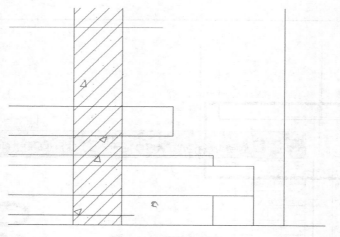

图5-19　修剪出柜底

四、绘制龙骨通长木方剖面

（1）在墙体的右边线处要放置一个十四厘板，若直接将板材钉在墙上可能不稳固，所以可以采用龙骨的一种墙面饰面结构。龙骨采用"30×40"的规格，单击【矩形】按钮，输入数值"30，40"，按【空格键】确认，完成矩形龙骨方的绘制，如图 5-20 所示。

（2）在绘制的龙骨方内，运用"直线"命令，绘制对角线，如图 5-21 所示。

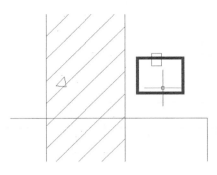

图 5-20　绘制龙骨方矩形　　　　　　　　　图 5-21　剖面龙骨方

（3）选中绘制的剖面龙骨方，按快捷键【B】+【空格键】，将其创建为块，在"块定义"命令框中，名称设置为"木方"，单击【确定】按钮，如图 5-22 所示。

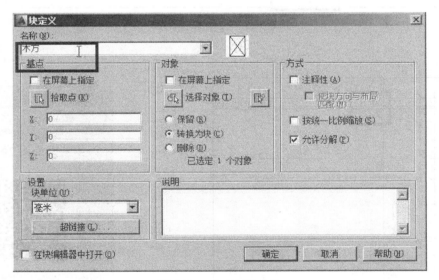

图 5-22　木方创建为块

（4）按照从下往上的顺序，对创建为块的木龙骨进行放置，单击【复制】按钮，复制到合适位置（注意：每隔 450mm 放置一个横向的木龙骨为宜），如图 5-23 所示。

（5）选中绘制的龙骨木方，单击【复制】按钮，向上连续进行复制，依次在键盘上直接输入数值为"450""900""1350""1800""2250"（说明：因为放置龙骨的合适间隔距离为 450，而连续复制需要距离的叠加，所以数值依次递增）。当然，也可以依次选中复制后的龙骨进行向上复制，最后一个龙骨到吊顶处会有一段距离（距离小于 450，不足放置龙骨的合适间隔）。选中最后一个龙骨，单击【复制】按钮，向上进行复制，复制到靠近墙的吊顶处，如图 5-24 所示。

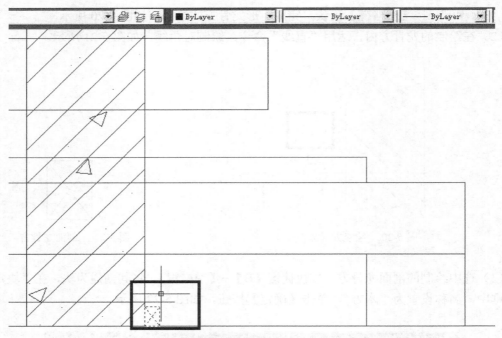

图 5-23　复制的木龙骨

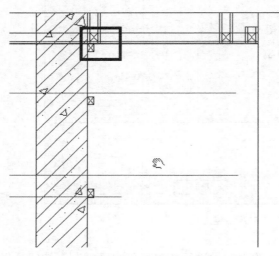

图 5-24　复制龙骨木方

微课视频 36：

《绘制 B 立面电视背景墙剖面图 2》

http://182.92.225.223/web/shareVideo/
index.action?id=1000109&ajax=1

（6）选中墙体的右墙体线，单击【复制】按钮，向右进行复制，在键盘上直接输入数值为"30"，按【空格键】确认，放置一个防腐处理的大约为七厘的板，在图中选中复制的直线，单击【复制】按钮，向右进行复制，输入数值为"15"，按【空格键】确认，如图 5-25 所示。

（7）选中绘制图形的下方，单击【修剪】按钮，进行修剪，如图 5-26 所示。

（8）选中绘制的龙骨木方，单击【复制】按钮，向上进行复制，将电视台面与墙体进行固定，如图 5-27 所示。

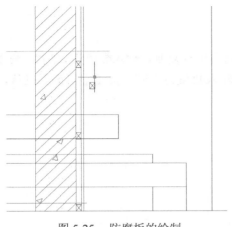

图 5-25　防腐板的绘制

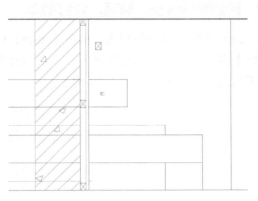

图 5-26　修剪图形

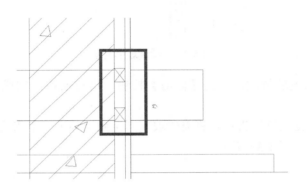

图 5-27　复制龙骨

五、绘制七厘板、饰面板剖面

（1）选中最后复制的直线，单击【偏移】按钮，向左进行偏移。依次选中偏移后的直线向左进行偏移，完成七厘板的绘制，如图 5-28 所示。

（2）选中偏移直线处最右侧的直线，单击【复制】按钮，向右进行复制，在键盘上直接输入数值为"2"，按【空格键】确认，完成饰面板材的绘制，选中复制的直线，将颜色设置为"洋红"，如图 5-29 所示。

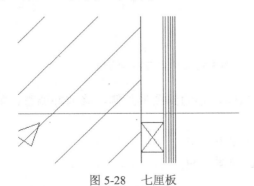

图 5-28　七厘板

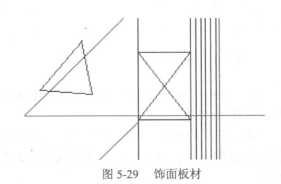

图 5-29　饰面板材

六、绘制喷砂玻璃、玻璃广告钉剖面

（1）选中洋红色的直线，单击【复制】按钮，向右进行复制，输入数值为"50"，按【空格键】确认，选中复制后的直线，向右进行复制，输入数值为"5"，按【空格键】确认，完成玻璃材质的绘制，如图 5-30 所示。

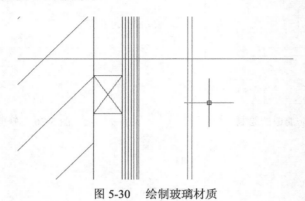

图 5-30　绘制玻璃材质

（2）选中绘制的玻璃材质，单击【修剪】按钮，进行修剪，完成喷砂玻璃的绘制，如图 5-31 所示。

（3）在喷砂玻璃处安置广告钉，将喷砂玻璃固定到墙体上，单击【矩形】按钮，在喷砂玻璃处绘制广告钉，如图 5-32 所示。

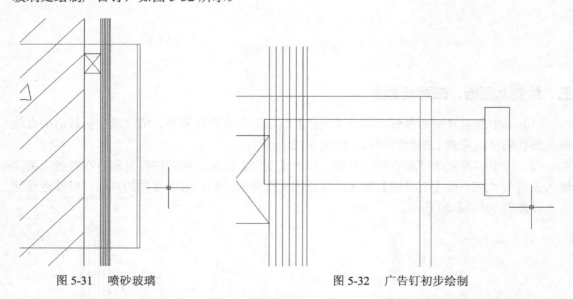

图 5-31　喷砂玻璃　　　　　　　　　　图 5-32　广告钉初步绘制

（4）选中绘制的矩形广告钉，单击【移动】按钮，移动到图形外侧，修剪并调整，如图 5-33 所示。

（5）单击【图案填充】按钮，在"填充图案选项板"中选择斜线图案样例"JIS_LC_8"，单击【确定】按钮，如图 5-34 所示。

图 5-33　修剪的广告钉

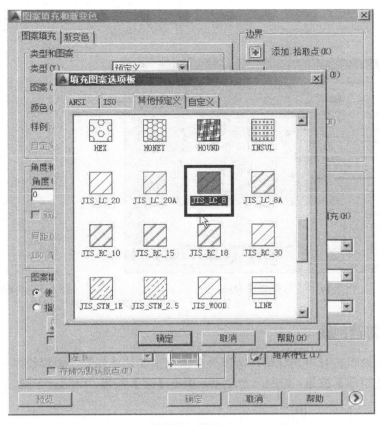

图 5-34 斜线图案样例"JIS_LC_8"

（6）在"图案填充和渐变色"命令框中单击【拾取点】按钮，对广告钉进行图案填充，按【空格键】确认，单击【确定】按钮，如图 5-35 所示。

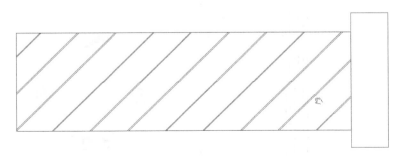

图 5-35 广告钉填充

（7）选中绘制的广告钉，按快捷键【B】+【空格键】，打开"块定义"命令框，名称设置为"广告钉"，单击【确定】按钮，如图 5-36 所示。

（8）选中创建为块的广告钉，单击【复制】按钮，复制到喷砂玻璃的合适位置，表明玻璃被镶嵌在墙体上，如图 5-37 所示，删除多余的广告钉。

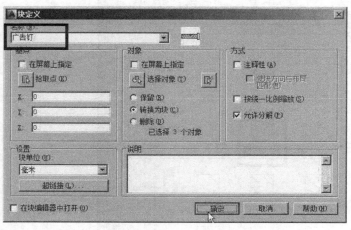

图 5-36   广告钉创建为块

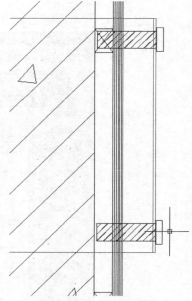

图 5-37   镶嵌的广告钉

七、绘制冷灯灯管剖面

因为喷砂玻璃暗装有日光灯带，所以要在板槽里安装冷灯管，需要绘制出冷灯灯管。

（1）单击【矩形】按钮，绘制一个矩形，单击【圆】按钮，绘制一个圆，如图 5-38 所示。

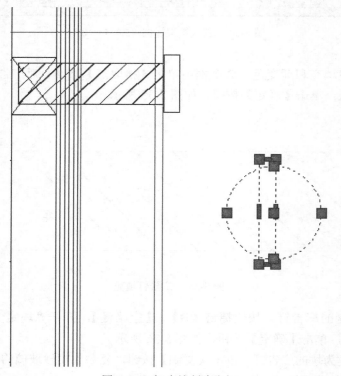

图 5-38   初步绘制冷光灯

（2）选中绘制的图形，单击【修剪】按钮，进行修剪，如图 5-39 所示。

（3）选中绘制的冷光灯，按快捷键【B】+【空格键】，将其创建为块，在"块定义"命令框中，将名称设置为"灯管"，单击【确定】按钮退出，如图 5-40 所示。

图 5-39　冷光灯

（4）选中创建为块的冷光灯，单击【复制】按钮，复制到喷砂玻璃隔板中的合适位置，电视台面下方也要放置一个。同时为了表明有灯光散射，选中吊灯散射光，单击【复制】按钮，复制到冷光灯处，选中复制的吊灯散射光，单击【旋转】按钮进行旋转，选中旋转后的散射光，单击【复制】按钮，复制到冷光灯的合适位置，删除多余的散射光，如图 5-41 所示。

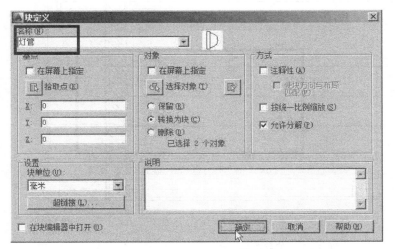

图 5-40　灯管创建为块

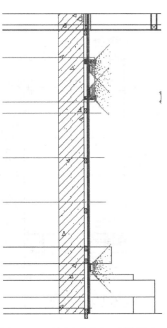

图 5-41　放置冷光灯及散射光

之所以在电视台面下方安装冷光灯，是为了在打开电视时不会刺激眼睛，而且与上方喷砂玻璃处的暗装冷光灯相呼应，更加美观。

八、绘制PPG乳胶漆板材饰面剖面

接下来对灰色 PPG 乳胶漆的板材饰面进行处理，在"B 立面布置图"中，可以看到电视背景墙做了勾白缝宽 10mm、深 3mm 的裁切处理，如图 5-42 所示。

（1）单击【偏移】按钮，输入数值为"5"，按【空格键】确认，将电视后的三条洋红色直线分别向上下进行偏移，如图 5-43 所示。

（2）选中偏移后的图形，修剪掉多出来的直线及勾缝处理，完成勾缝绘制，如图 5-44 所示。

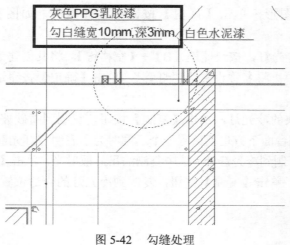

图 5-42   勾缝处理

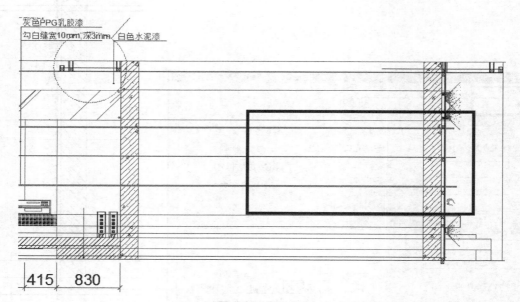

图 5-43   偏移直线

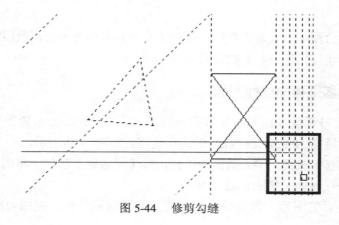

图 5-44   修剪勾缝

下面对电视台面进行填充，可以选中立面布置图中的填充图案进行复制，复制到剖面的台面处，将其分解后调整到所需的尺寸大小，从而完成电视台面的填充，保证材质一样，如图 5-45 所示。

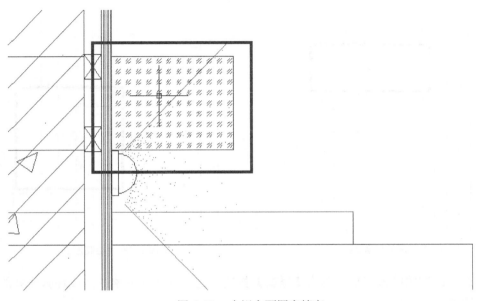

图 5-45　电视台面图案填充

九、绘制踢脚线剖面

（1）选中洋红色竖直线左边的黑色竖直线，单击【复制】按钮，向右进行复制，输入数值为“25”，按【空格键】确认，如图 5-46 所示。

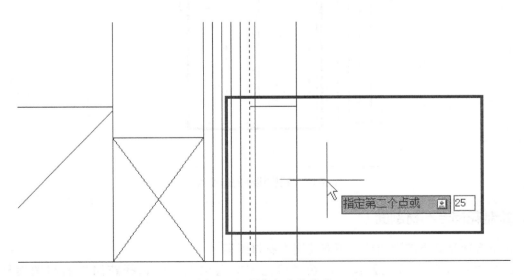

图 5-46　黑色竖直线偏移

（2）单击【偏移】按钮，输入数值为"3"，按【空格键】确认，将复制后的直线向左进行偏移，依次将偏移后的直线向左偏移 3 次，选中踢脚线进行延伸，如图 5-47 所示。

（3）单击【圆弧】按钮，在踢脚线处进行圆弧绘制，绘制中需要按快捷键【F3】打开 / 关闭正交，如图 5-48 所示。

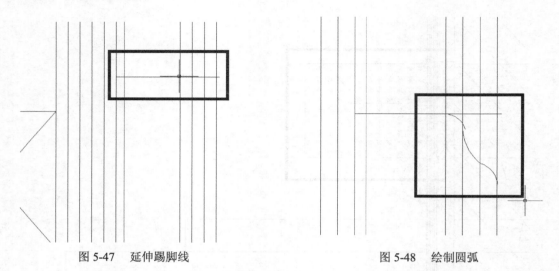

图 5-47　延伸踢脚线　　　　　　　　　　　图 5-48　绘制圆弧

（4）选中绘制的圆弧图形，单击【修剪】按钮，进行修剪和调整，完成踢脚线处的造型绘制，如图 5-49 所示。

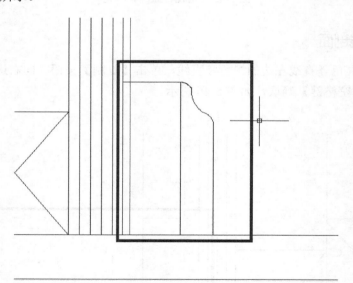

图 5-49　踢脚线处的造型绘制

十、绘制花岗岩石材剖面

在下方冷光灯下的台面处，填充花岗岩石材图案。

（1）单击【图案填充】按钮，在"填充图案选项板"中选择花岗岩石材图案样例"PLAST"，如图 5-50 所示。

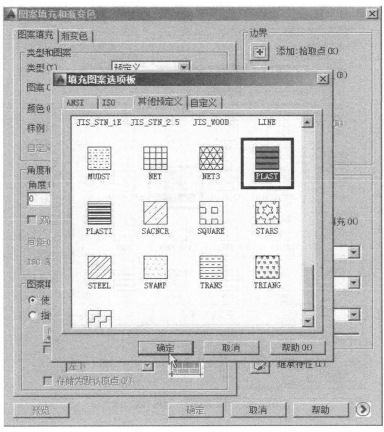

图 5-50　图案样例"PLAST"

（2）在"图案填充和渐变色"命令框中单击【拾取点】按钮，在图中选择需要填充的位置，按【空格键】确认，单击【确定】按钮，完成图案填充，如图 5-51 所示。

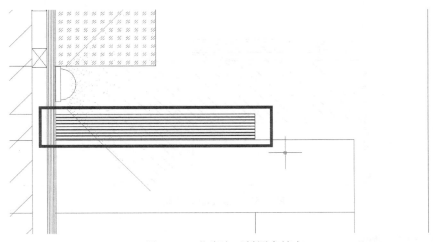

图 5-51　花岗岩石材图案填充

（3）在填充了花岗岩图案的下方需要填充斜线图案样例"JIS_RC_18"，与上述填充方法一样，完成图案填充，如图 5-52 与图 5-53 所示。

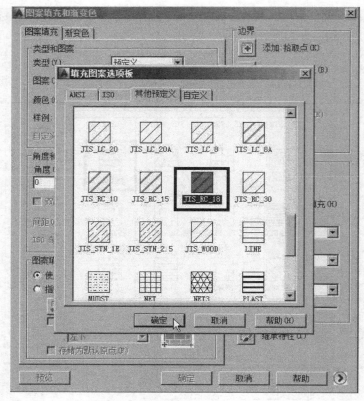

图 5-52　图案样例"JIS_RC_18"

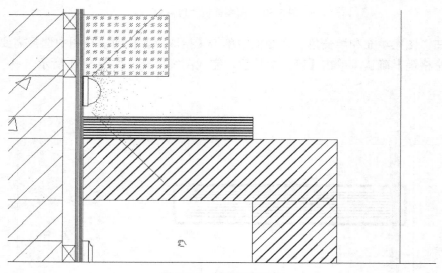

图 5-53　斜线图案填充

十一、绘制电视机剖面

下面需要对电视进行变换，因为绘制的是剖面图，所以需要电视的侧面形状。

（1）选择电视，单击【复制】按钮，将其复制到剖面图中放置电视的位置，如图 5-54 所示。

（2）选中复制的电视，对其进行调整，如图 5-55 所示。

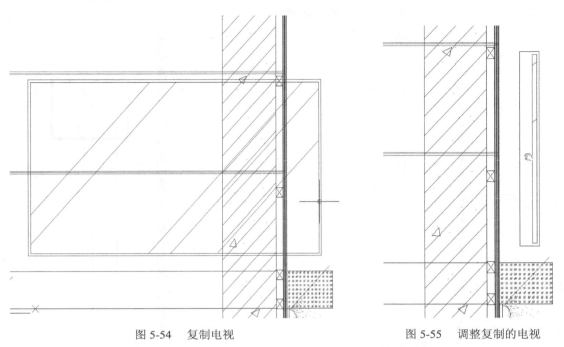

图 5-54　复制电视　　　　　　　　图 5-55　调整复制的电视

（3）选中小矩形中填充的图案，双击鼠标左键打开图案填充命令框，将比例由 "700"修改为 "7"，按【回车键】查看效果，关闭管理框，如图 5-56 与图 5-57 所示。

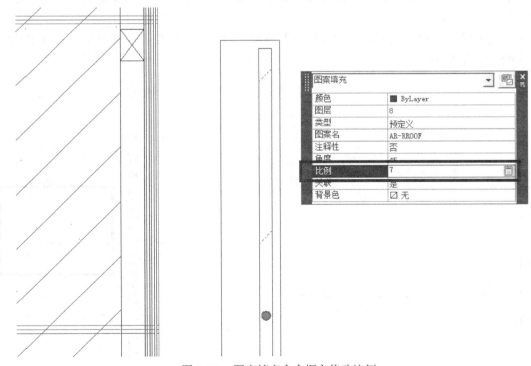

图 5-56　图案填充命令框之修改比例

（4）在电视上方位置，单击【直线】按钮，绘制一条斜线，选中绘制的图形，进行修剪，以表现通常电视后方上部的斜角，如图 5-58 所示。

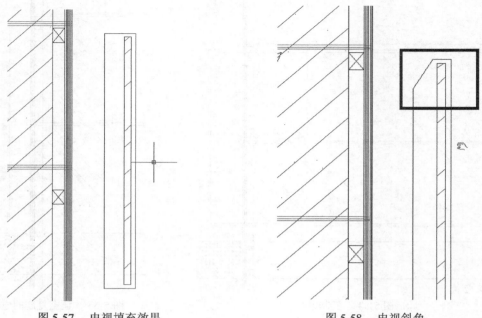

图 5-57　电视填充效果　　　　　　　　　　　图 5-58　电视斜角

（5）在电视的下方需要绘制一个放置电视的支架。单击【矩形】按钮，在电视机下方绘制一个小矩形，对其进行拉伸，调整为梯形支架，选中梯形支架，单击【复制】按钮，进行复制，如图 5-59 所示。

（6）选中绘制的梯形支架，单击【修剪】按钮，对其进行修剪，拉伸调整，完成电视支架的绘制，如图 5-60 所示。

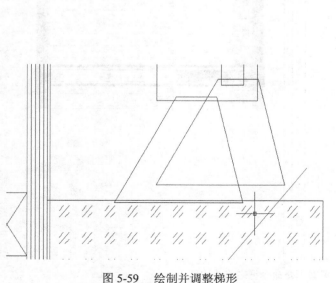
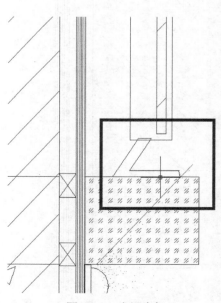

图 5-59　绘制并调整梯形　　　　　　　　　　图 5-60　电视支架

（7）完成简单的电视剖面绘制，如 5-61 所示。

📖 **说明**

电线、插座等都将其放置在后面，变成隐性的，从而更加美观。

最后，选中全部绘制的剖面图形，修剪掉多余的直线，可以利用辅助框辅助修剪，修剪完记得删除辅助框，从而完成 1—1 剖面图绘制，如图 5-62 所示。

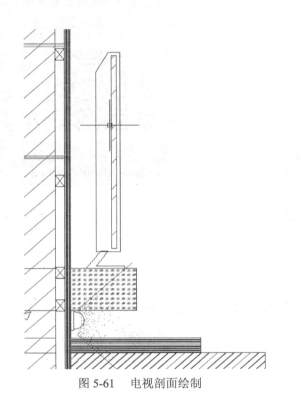

图 5-61　电视剖面绘制

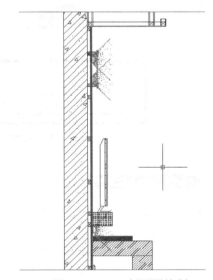

图 5-62　1—1 剖面图绘制

十二、绘制剖面图图名

（1）选中"B 立面布置图"的图名，单击【复制】按钮，将其复制到剖面图下方，双击文字进行修改，图名为"1—1 剖面图"，选中文字，将文字高度设置为"200"，按【回车键】查看效果，单击【确定】按钮，退出【文字格式】命令框，如图 5-63 所示。

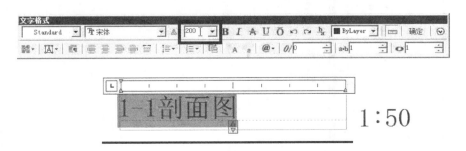

图 5-63　文字高度设置

（2）双击比例"1:50"，在"文字格式"命令框中，将比例的文字高度设置为"150"，单击【确定】按钮退出。对图名的位置进行调整，同时将两条下划线修改成合适长度，从而完成图名的绘制，如图 5-64 所示。

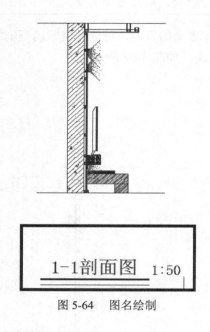

微课视频 37：

《绘制 B 立面电视背景墙剖面图 3》

http://182.92.225.223/web/shareVideo/index.action?id=1000110&ajax=1

图 5-64　图名绘制

十三、剖面图材料注释

（1）选中小黑点，复制到墙体处，单击【多段线】按钮，进行绘制，如图 5-65 所示。

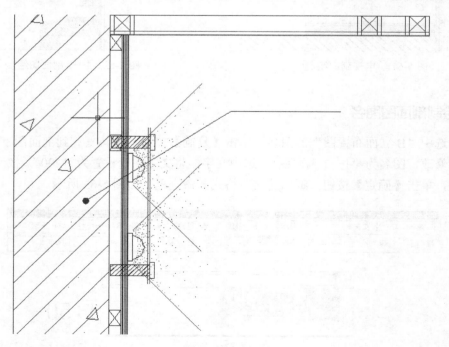

图 5-65　多段线绘制

（2）单击【直线】按钮，在多段线绘制的图形处绘制一条竖直直线，选中绘制的直线段，进行调整，如图 5-66 所示。

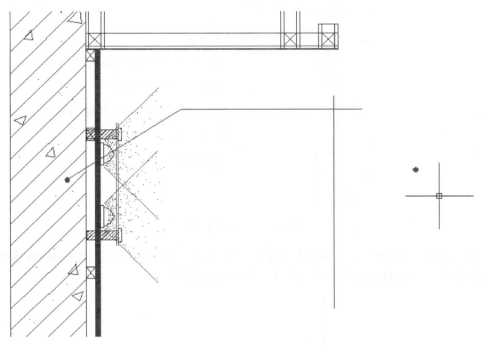

图 5-66　竖直线绘制并调整

（3）将事先做好的材料注释选中，单击【移动】按钮，将其移动到直线的合适位置，如图 5-67 所示。

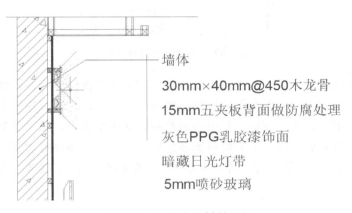

图 5-67　移动上方材料注释

📖 **说明**

根据制图与识图的规定，纵向图的注释是从上到下表示从内到外的要求。

（4）将竖直的直线进行延伸和修剪，单击【直线】按钮，绘制一条短横线，选中短横线，单击【复制】按钮，复制到相应的注释说明处，同时修改注释 "灰色 PPG 乳胶漆" 为 "2~3mm

灰色 PPG 乳胶漆饰面"，如图 5-68 所示。

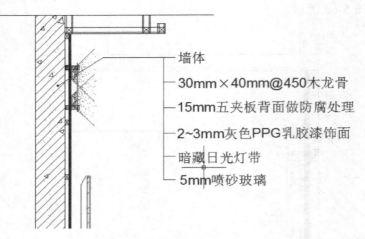

墙体
30mm×40mm@450木龙骨
15mm五夹板背面做防腐处理
2~3mm灰色PPG乳胶漆饰面
暗藏日光灯带
5mm喷砂玻璃

图 5-68　上方材料注释说明

（5）对图的下方部位，将从上往下进行注释说明，选中事先做好的材料注释说明，单击【移动】命令，将其移动到图的合适位置，如图 5-69 所示。

等离子彩电
木面白色漆
暗藏日光灯带
蒙古黑花岗岩反面横纹处理
白色PPG乳胶漆
25mm木踢脚白色漆

图 5-69　移动下方材料注释

（6）单击【多段线】按钮，从下方踢脚线处绘制的图形部位进行多段线绘制，采用与上方材料注释说明同样的方法绘制直线，标明注释说明。当然，也可以选中上方绘制的竖直线和短横线，复制到下方，进行调整，从而完成绘制。选中小黑点，单击【复制】按钮，复制到每个注释说明的位置处（因为上方材料比较密集，所以只在墙体处放置一个小黑点，但下方材料分明，所以在每种材料处都放置一个小黑点，使注释说明更清晰明了），如图 5-70 所示。

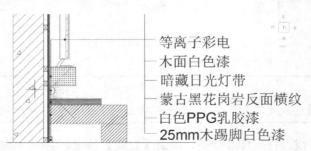

等离子彩电
木面白色漆
暗藏日光灯带
蒙古黑花岗岩反面横纹
白色PPG乳胶漆
25mm木踢脚白色漆

图 5-70　下方材料注释说明

（7）修剪并调整直线，完成 1—1 剖面图材料注释说明，如图 5-71 所示。

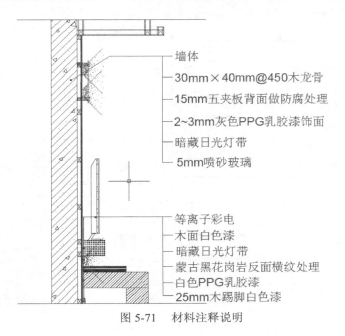

墙体
30mm×40mm@450木龙骨
15mm五夹板背面做防腐处理
2~3mm灰色PPG乳胶漆饰面
暗藏日光灯带
5mm喷砂玻璃

等离子彩电
木面白色漆
暗藏日光灯带
蒙古黑花岗岩反面横纹处理
白色PPG乳胶漆
25mm木踢脚白色漆

图 5-71　材料注释说明

十四、剖面图尺寸标注

（1）单击菜单栏中的【标注】按钮，在下滑栏中选择"标注样式"，打开"标注样式管理器"，单击【替代】按钮，如图 5-72 所示。

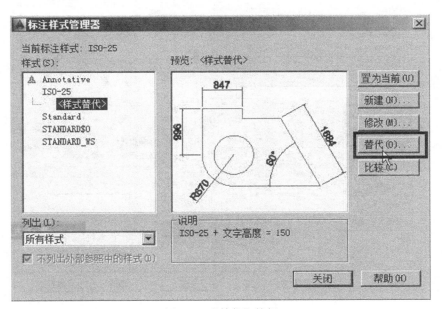

图 5-72　【替代】按钮

（2）打开"替代当前样式：ISO-25"命令框，在"文字"选项卡中，将文字高度设置为"100"，从尺寸偏移设置为"10"，如图 5-73 所示。

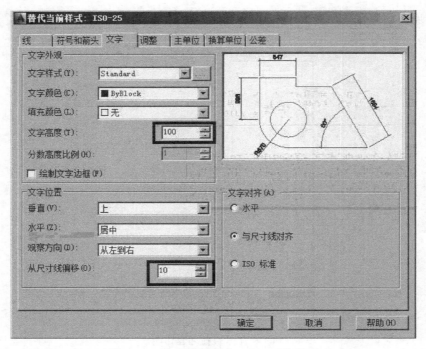

图 5-73　替代当前样式：ISO-25 之文字

（3）在"符号和箭头"选项卡中，将箭头大小设置为"30"，如图 5-74 所示。

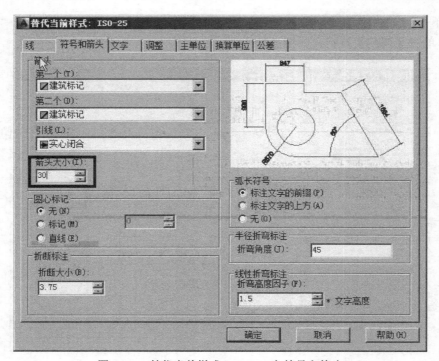

图 5-74　替代当前样式：ISO-25 之符号和箭头

（4）在"线"选项卡中，将超出尺寸线设置为"20"，起点偏移量设置为"20"，如图 5-75 所示。

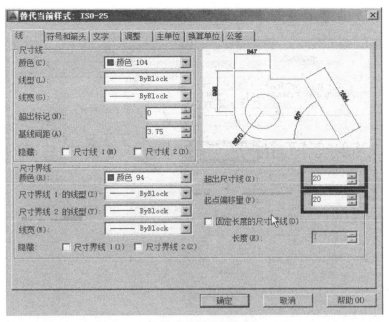

图 5-75　替代当前样式：ISO-25 之线

（5）单击【确定】按钮，退出"替代当前样式：ISO-25"命令框，单击【关闭】按钮，退出"标注样式管理器"。

⚠️ **注意**

上述设置的目的是使尺寸标注显得更清楚。

（6）单击菜单栏中的【标注】按钮，选择下滑栏中的"线性"，按从下往上的顺序对 1—1 剖面图进行尺寸标注。标注后，发现数字过大，如图 5-76 所示。

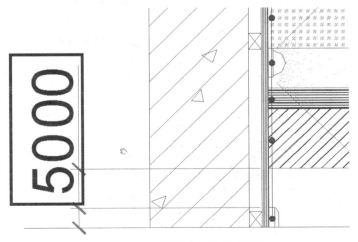

图 5-76　数字过大的尺寸标注

（7）单击菜单栏中的【标注】按钮，在下滑栏中选择"标注样式"，打开"标注样式管理器"，单击【修改】按钮，打开"替代当前样式 ISO-25"命令框，在"文字"选项卡中将文字高度修改为"70",如图 5-77 所示。

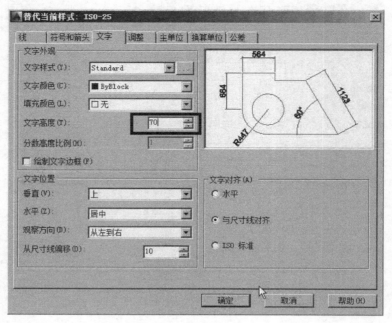

图 5-77　修改文字高度

（8）单击【确定】按钮，退出"替代当前样式 ISO-25"命令框，单击【关闭】按钮，退出"标注样式管理器"。删除原标注尺寸，单击菜单栏中的【标注】按钮，选择下滑栏中的"线性"，重新进行尺寸标注，如图 5-78 所示。

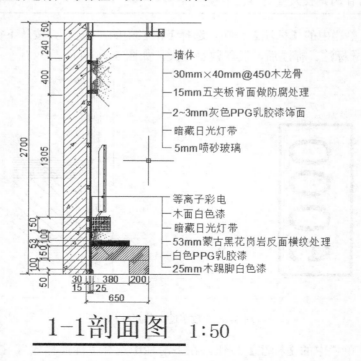

墙体
30mm×40mm@450木龙骨
15mm五夹板背面做防腐处理
2~3mm灰色PPG乳胶漆饰面
暗藏日光灯带
5mm喷砂玻璃

等离子彩电
木面白色漆
暗藏日光灯带
53mm蒙古黑花岗岩反面横纹处理
白色PPG乳胶漆
25mm木踢脚白色漆

1-1剖面图 1:50

图 5-78　客厅 1—1 剖面图的绘制

为了美观，可以对尺寸标注进行调整。

综上所述，完成客厅 1—1 剖面图的绘制。

任务5.2　绘制客厅吊顶大样图

通过对本情境的学习，掌握以下知识和方法。

- ☑ 了解客厅吊顶大样图的正确制图顺序。
- ☑ 掌握钢筋混凝土、主龙骨、筒灯、钢钉剖切面的标准绘制方法。
- ☑ 掌握大样图尺寸标注、注释标注、图名比例的标准绘制方法。

- ● 任务内容

  根据大样图标准进行客厅吊顶大样图的绘制。
- ● 实施条件
  1. 台式计算机或笔记本电脑。
  2. AutoCAD 2014 正版软件。

一、绘制大样图

（1）复制一个带有索引符号 2 的"B 立面布置图"到空白处，选中复制的"B 立面布置图"，单击【修剪】按钮，进行修剪，只留下圆圈处的吊顶。修剪时，选中墙体，单击【分解】按钮进行分解，以方便修剪，如图 5-79 所示。

微课视频 **38**：

《绘制客厅吊顶大样图 1》

http://182.92.225.223/web/shareVideo/
index.action?id=1000111&ajax=1

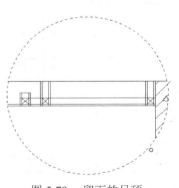

图 5-79　留下的吊顶

（2）选中圆圈中绘制的龙骨，单击【分解】按钮进行分解，选中圆圈里的吊顶，单击【修剪】按钮进行修剪，如图 5-80 所示。

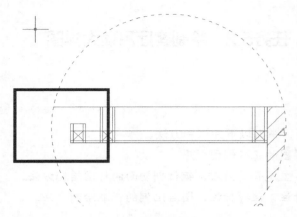

图 5-80　修剪吊顶

二、钢筋混凝土剖切面的填充

（1）对吊顶上部的半圆形空间进行图案填充，单击【图案填充】按钮，在"填充图案选项板"中选择图案样例"AR_CONC"，单击【确定】按钮，如图 5-81 所示。

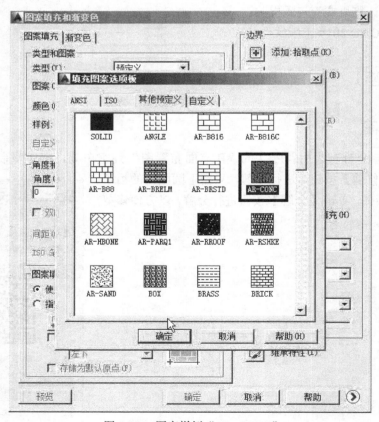

图 5-81　图案样例"AR_CONC"

（2）在"图案填充和渐变色"命令框中将比例设置为"2"，单击【拾取点】按钮，在图中选择图形，按【空格键】确认，单击【确定】按钮进行填充，如图 5-82 与图 5-83 所示。

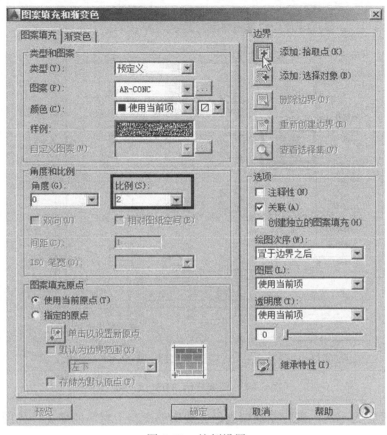

图 5-82 比例设置

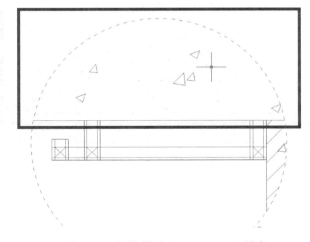

图 5-83 图案样例"AR_CONC"填充

（3）对此部位填充钢筋混凝土，单击【图案填充】按钮，在"填充图案选项板"中选择图案样例"JIS_LC_20"，如图 5-84 所示。

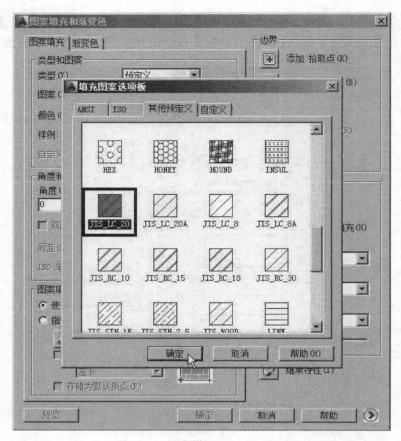

图 5-84　图案样例"JIS_LC_20"

（4）比例设置为"2"，进行图案填充，完成钢筋混凝土材料的填充，如图 5-85 所示。

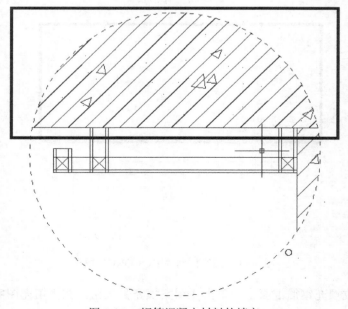

图 5-85　钢筋混凝土材料的填充

（5）选中圆圈，将其删除，只留下圆内的图形，如图 5-86 所示。

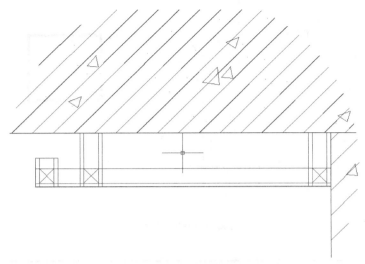

图 5-86　圆内的图形

三、绘制主龙骨剖切面

（1）单击【矩形】按钮，绘制"50×70"的主龙骨（注意：在绘制矩形需输入数值时，输入的"，"要在英文模式下，这样才会出现"小锁"，从而完成绘制）。将主龙骨放置在吊顶与小龙骨处，如图 5-87 所示。

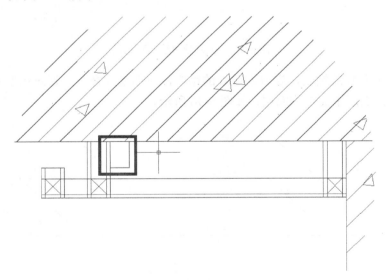

图 5-87　"50×70"的主龙骨

（2）选中绘制的主龙骨，单击【复制】按钮，复制到旁边空白处，选中复制后的主龙骨，单击【旋转】按钮进行旋转，如图 5-88 所示。

（3）选中旋转后的主龙骨，单击【复制】按钮，复制到右侧吊顶上方，修剪掉矩形主龙骨内的斜线，单击【直线】按钮，分别在两个主龙骨内绘制对角线，如图 5-89 所示。

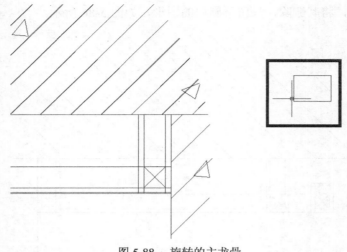

图 5-88 旋转的主龙骨

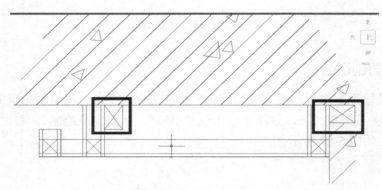

图 5-89 主龙骨内绘制对角线

（4）通过主龙骨的铺设，安放木龙骨的吊筋，下面是次龙骨，通过吊筋和主龙骨相连，再下面是面层，面层下面是饰面层，如图 5-90 所示。

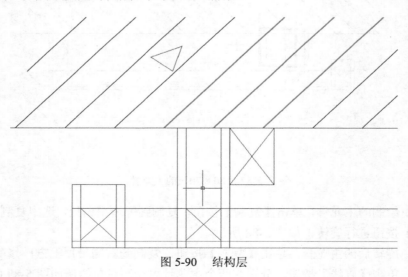

图 5-90 结构层

四、绘制筒灯剖切面

通过观察平面图，可以看到吊顶的拐角位置处有个筒灯，下面来绘制筒灯。

（1）选中参照线，如图 5-91 所示。

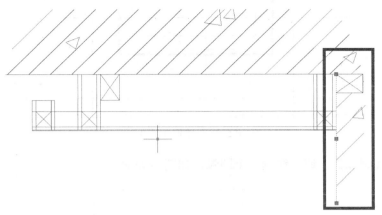

图 5-91　选中参照线

（2）单击【复制】按钮，向左进行连续复制，依次输入数值为"350"、"450"，按【空格键】确认，如图 5-92 所示。

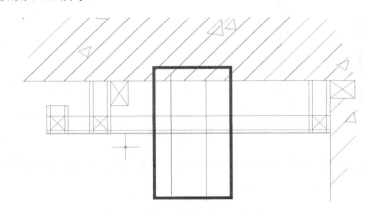

图 5-92　复制直线

（3）选中复制的直线，单击【修剪】按钮，进行修剪，如图 5-93 所示。

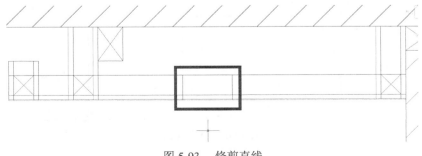

图 5-93　修剪直线

（4）单击【矩形】按钮，在短的竖直线处绘制一个小矩形，表示筒灯，矩形大小适当即可，如图 5-94 所示。

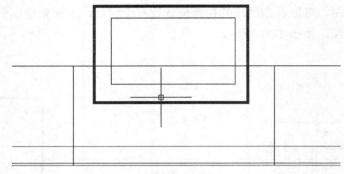

图 5-94　绘制小矩形

（5）单击【圆弧】按钮，绘制一个圆弧，如图 5-95 所示。

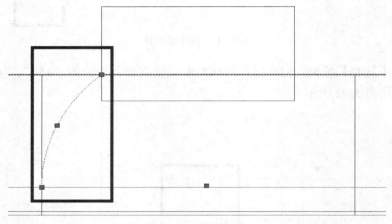

图 5-95　绘制圆弧

（6）选中绘制的圆弧，单击【镜像】按钮，将其进行镜像，并移动至合适位置，如图 5-96 所示。

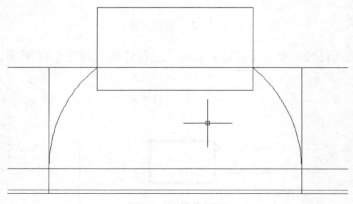

图 5-96　镜像圆弧

（7）单击【圆】按钮，在矩形下方绘制一个大小合适的圆，如图 5-97 所示。

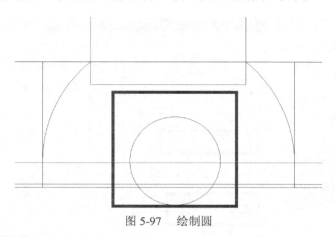

图 5-97　绘制圆

（8）选中绘制的圆，单击【移动】按钮，将圆移动到上方合适位置，单击【矩形】按钮，绘制一个小矩形，宽即是圆与直线交点间的距离，如图 5-98 所示。

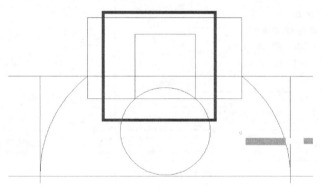

图 5-98　绘制小矩形

（9）选中绘制的图形，单击【修剪】按钮，对其进行修剪，如图 5-99 所示。

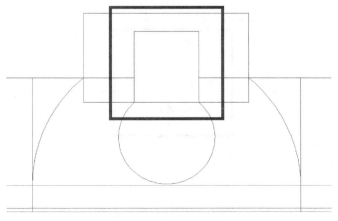

图 5-99　修剪图形

（10）单击【图案填充】按钮，在图中进行斜线图案填充，将比例设置为"0.25"，如

图 5-100 所示。

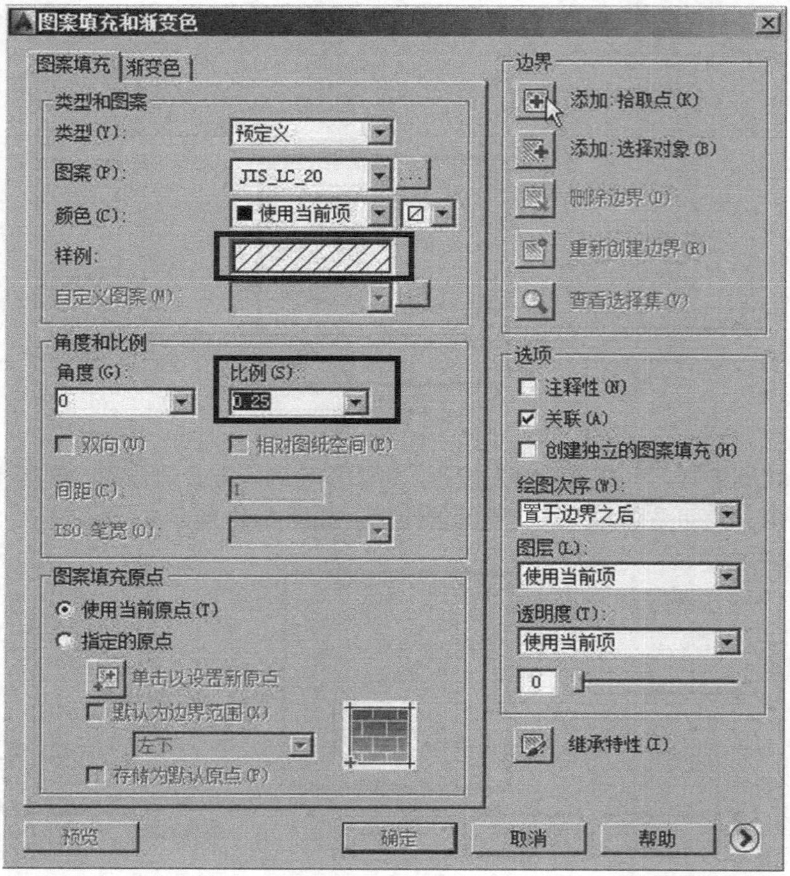

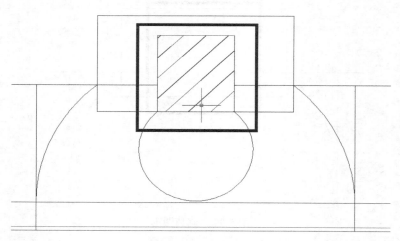

图 5-100　图案填充

（11）单击【拾取点】按钮，在图中选择合适图形，按【空格键】确认，单击【确定】按钮，完成图案填充，如图 5-101 所示。

图 5-101　填充完成

（12）在"B 立面布置图"中，选中散射光，单击【复制】按钮，复制到灯泡处，如图 5-102 所示。

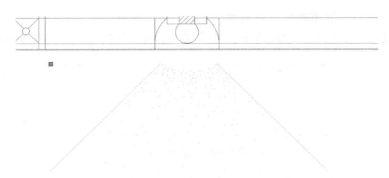

图 5-102　复制散射光

（13）选中散射光，单击【缩放】按钮，选中一个基点，输入数值"0.8"，按【空格键】确认，进行缩放，如图 5-103 所示。

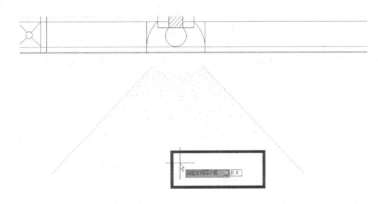

图 5-103　比例缩放

（14）选中缩放后的散射光，单击【移动】按钮，将其移动至灯泡下的合适位置，如图 5-104 所示。

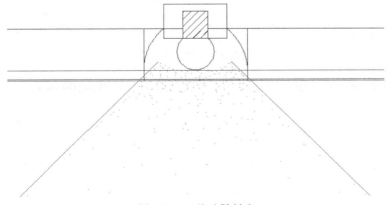

图 5-104　移动散射光

五、绘制钢钉剖切面

下面需要用几枚钢钉将龙骨固定到墙体上。

（1）单击【矩形】按钮，绘制两个长度不同，宽度一样的矩形，如图 5-105 所示。

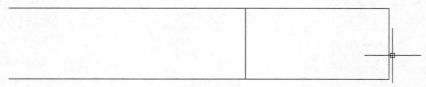

图 5-105 绘制矩形

（2）选中小矩形，调整为等腰三角形，完成钉尖的绘制，如图 5-106 所示。

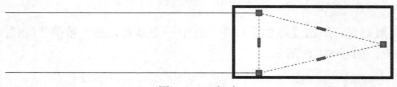

图 5-106 钉尖

（3）重复绘制矩形，在长矩形左侧绘制一个小矩形，如图 5-107 所示。

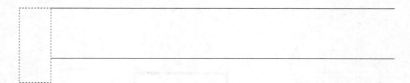

图 5-107 左侧绘制矩形

（4）选中小矩形，单击【移动】按钮，将其移动到合适位置，如图 5-108 所示。

图 5-108 移动小矩形

（5）选中小矩形，对其进行调整，完成钉头的绘制，如图 5-109 所示。

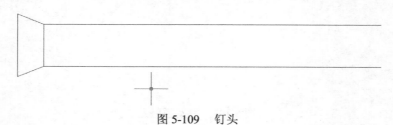

图 5-109 钉头

（6）完成钢钉的绘制，如图 5-110 所示。

图 5-110　钢钉

（7）右侧靠近边缘的木筋要跟预埋的木方进行连接，左侧木筋与上面的主龙骨进行连接。选中绘制的钢钉，单击【复制】按钮，复制到左、右侧合适位置，并复制一个到下方空白处，如图 5-111 所示。

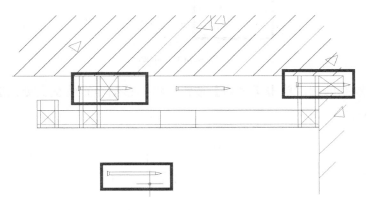

图 5-111　放置钢钉

（8）选中下方复制的钢钉，单击【旋转】按钮，将横向钢钉旋转为钉尖向上，选中旋转后的钢钉，单击【移动】按钮，将其移动到上方主龙骨处，如图 5-112 所示。

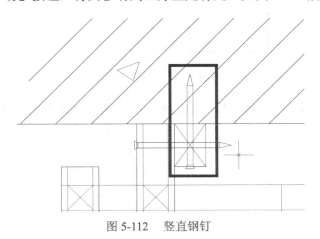

图 5-112　竖直钢钉

📖 说明

施工时，用钉枪将钢钉打入木方内，将其与墙体固定。其他次龙骨也是利用钢钉与吊筋进行固定结合的。

（9）单击【圆】按钮，在左侧次龙骨交叉直线处绘制大小合适的小圆，如图 5-113 所示。

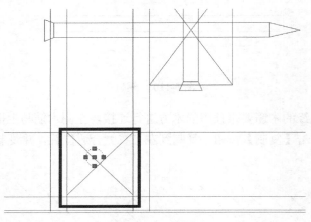

图 5-113　小圆

（10）选中绘制的圆，单击【移动】按钮，将其移动至直线交叉处，选中绘制的图形，如图 5-114 所示。

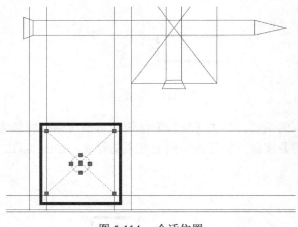

图 5-114　合适位置

（11）单击【修剪】按钮，将圆圈内的直线修剪掉，删除多余绘制的钢钉，如图 5-115 所示。

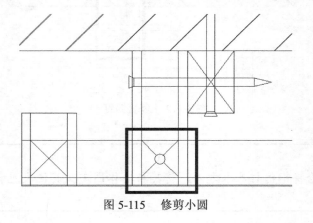

图 5-115　修剪小圆

六、注释添加修改

对图形进行尺寸标注，如图 5-116 所示。

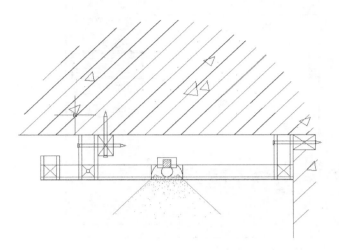

图 5-116　绘制的图形

（1）将事先做好的注释说明移动过来，如图 5-117 所示。

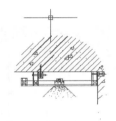

100mm×100mm筒灯

次龙骨50×50@680木方吊筋

主龙骨50mm×70mm通常木条

预埋木砖

10mm面层板材

图 5-117　注释说明

可以看到事先做好的注释说明和绘制的图形不匹配，所以需要进行调整。

（2）单击菜单栏中的【标注】按钮，选择下滑栏中的"线性"，在图中进行标注，查看数据大小是否合适，若不合适，则进行修改。

七、尺寸标注

（1）单击菜单栏中的【标注】按钮，选择下滑栏中的"标注样式"，打开"标注样式管理器"，单击【修改】按钮，如图 5-118 所示。

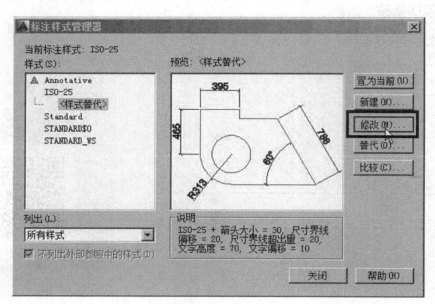

图 5-118　"修改"按钮

（2）打开"替代当前样式：ISO-25"命令框，在"文字"选项卡中，将文字高度设置为"50"，单击【确定】按钮，如图 5-119 所示。

图 5-119　设置文字高度

（3）单击【关闭】按钮，单击菜单栏中的【标注】按钮，选择下滑栏中的"线性"，在图中进行标注，如图 5-120 所示。

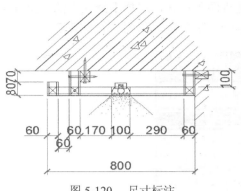

图 5-120　尺寸标注

📖 **说明**

后期对绘制的图形进行放大时，线性也会跟着放大。

（4）选中尺寸标注完的图形，按快捷键【B】+【空格键】确认，打开"块定义"管理器，将名称设置为"大样图 1"，单击【确定】按钮，将其组建为块，如图 5-121 所示。

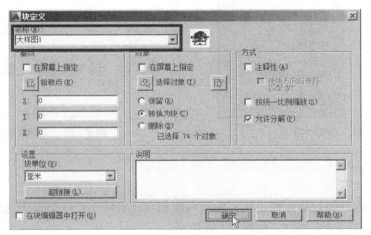

图 5-121　创建大样图 1 为块

（5）选中组成块的"大样图 1"，单击【缩放】按钮，输入比例因子为"5"，如图 5-122 所示。

（6）按【空格键】即会扩大 5 倍，如图 5-123 所示。

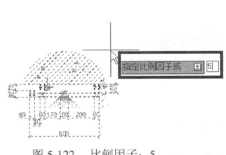

图 5-122　比例因子：5

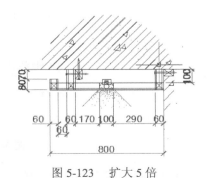

图 5-123　扩大 5 倍

（7）单击菜单栏中的【视图】按钮，选择下滑栏中的"全部重生成"，如图 5-124 所示。这样绘制的图形会更圆润，更美观，如图 5-125 所示。

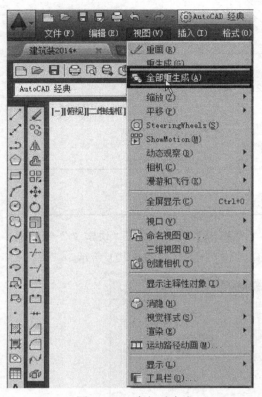

图 5-124　全部重生成

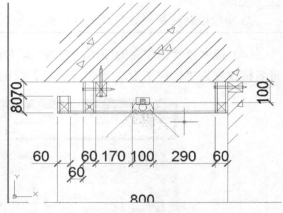

图 5-125　圆润的图形

八、注释标注

（1）选中绘制好的材料注释说明，发现与图形相比有些小，所以单击【缩放】按钮，选定基点，输入比例因子为"2"，如图 5-126 所示。

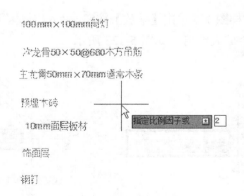

图 5-126　比例因子：2

（2）材料注释说明将会扩大 2 倍，如图 5-127 所示。

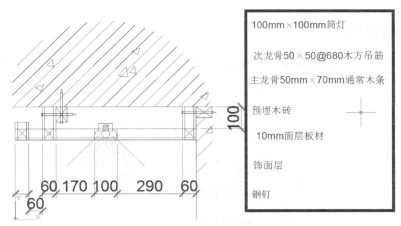

图 5-127　扩大 2 倍的注释说明

（3）选中扩大后的材料注释说明，单击【移动】按钮，将其移至空白处，单击【多段线】按钮，在需要注释的位置绘制多段线，绘制完将材料注释移动到多段线处，如图 5-128 所示。

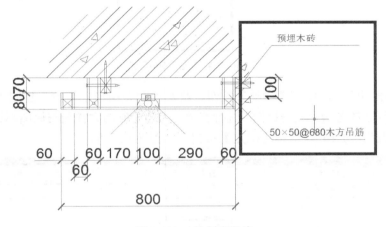

图 5-128　绘制多段线

（4）完成材料注释说明，如图 5-129 所示。

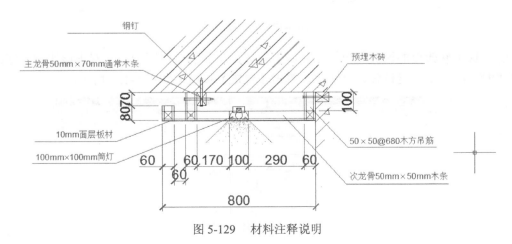

图 5-129　材料注释说明

九、绘制大样图图名

（1）单击【圆】按钮，指定圆心，输入半径数值为"600"，按【空格键】确认，绘制一个半径为"600"的圆，如图 5-130 所示。

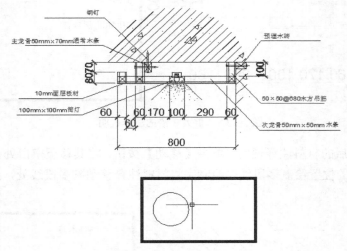

图 5-130　半径为"600"的圆

（2）选中绘制的圆，单击【移动】按钮，将其移动至图形正下方，复制"1—1 剖面图"图名中的比例到圆的旁边，双击比例，进行修改，因为绘制的大样图与原图相比扩大了 5 倍，所以将比例修改为"1:10"，单击【确定】按钮，如图 5-131 所示。

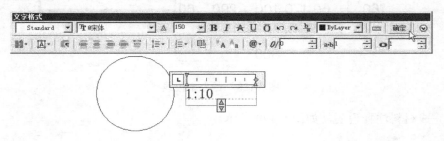

图 5-131　设置比例

（3）选中修改后的比例，单击【复制】按钮，将其复制到圆中心，双击该比例，修改为数字"2"，将文字高度设置为"300"，单击【确定】按钮，如图 5-132 所示。

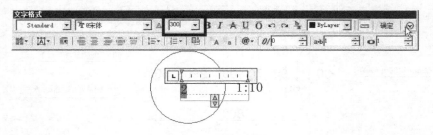

图 5-132　数字设置

（4）选中数字"2"，将其移动至圆的中间，如图 5-133 所示。

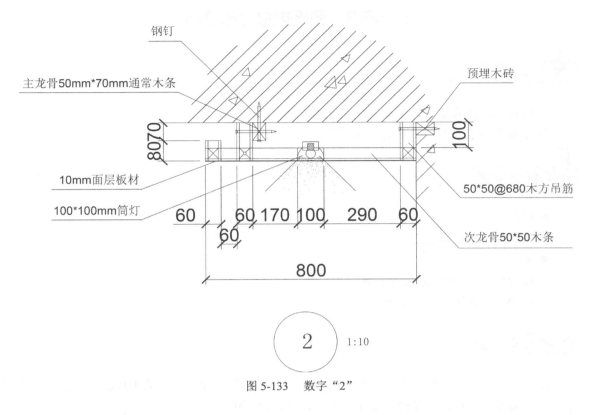

图 5-133　数字"2"

（5）选中绘制好的大样图，单击【移动】按钮，将其移动到"1—1 剖面图"旁边，如图 5-134 所示。

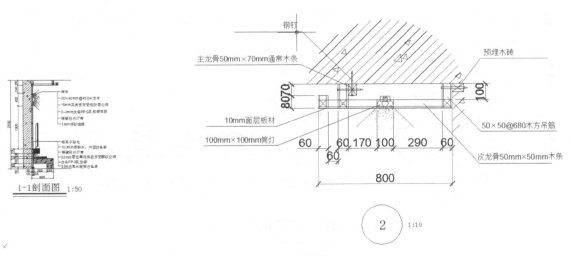

图 5-134　大样图

任务5.3 图纸虚拟打印输出

学习目标

通过对本情境的学习，掌握以下知识和方法。

☐ 了解图纸虚拟打印输出的正确顺序。

任务描述

● 任务内容

图纸的虚拟打印输出。

● 实施条件

1. 台式计算机或笔记本电脑。

2. AutoCAD 2014 正版软件。

任务实施

制图用的电脑可能是没有连接打印机的，但可以打印出 JPG 格式的图片。

（1）选择"B 立面布置图"进行打印，如图 5-135 所示。

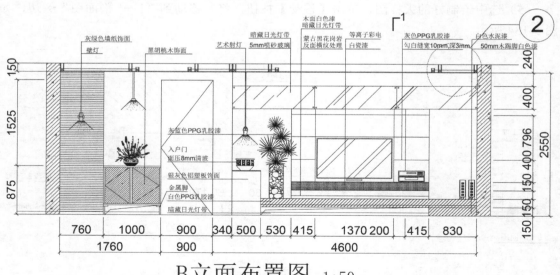

图 5-135　B 立面布置图

（2）单击选项栏中的【打印】按钮，快捷键为"Ctrl+P"，如图 5-136 所示。

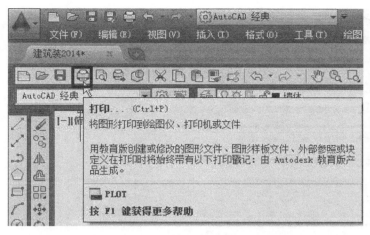

http://182.92.225.223/web/shareVideo/
index.action?id=1000113&ajax=1

图 5-136 "打印"按钮

（3）打开"打印 - 模型"命令框，在"打印机 / 绘图仪"中的名称中选择"PublishToWeb.JPG.pc3"，如图 5-137 所示。

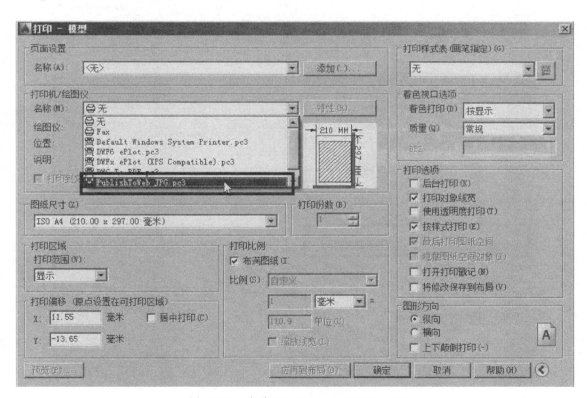

图 5-137 名称"PublishToWeb.JPG.pc3"

（4）选完名称，会出现"打印 - 未找到图纸尺寸"命令框，选择"使用默认图纸尺寸"，如图 5-138 所示。

（5）在"图纸尺寸"中选择"Sun Hi-Res（1600.00×1280.00 像素）"，通常像素越高打印出来的图片越清晰，如图 5-139 所示。

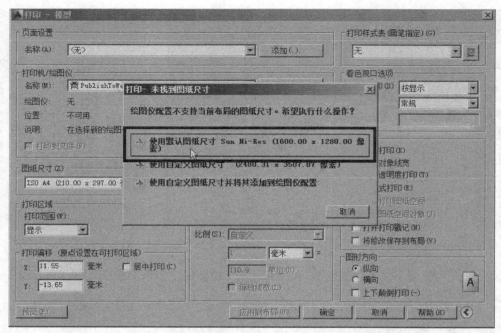

图 5-138　使用默认图纸尺寸

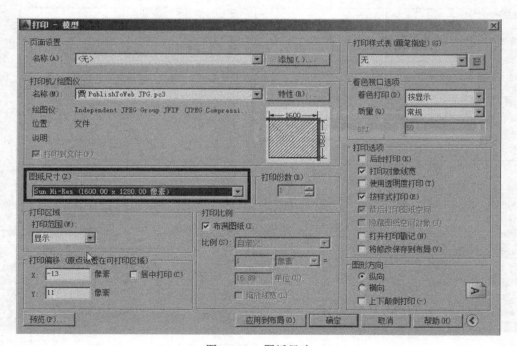

图 5-139　图纸尺寸

（6）在"打印区域"中的"打印范围"选择"窗口"，根据提示，在图中指定第一个点和对角点，如图 5-140 所示。

（7）在"打印偏移（原点设置在可打印区域）"中选择"居中打印"，单击【预览】按钮，如图 5-141 所示。

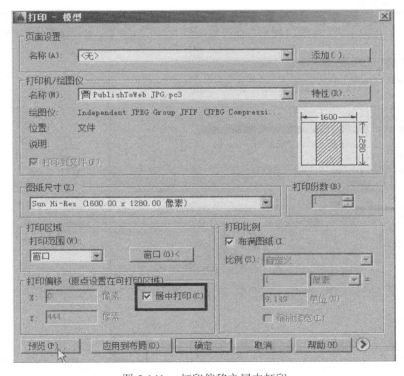

图 5-140　打印范围

图 5-141　打印偏移之居中打印

（8）可以看到打印出的效果，如图 5-142 所示。

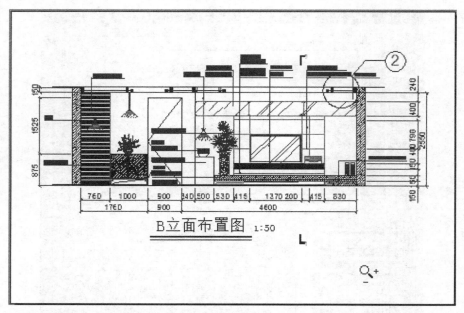

图 5-142　打印效果

📖 **说明**

对于该图来说，纸张竖向打印不利于图形表现且浪费版面，所以对纸张方向进行调整，使打印图更美观清晰。

（9）关闭预览窗口，在"打印 - 模型"命令框中单击右下角的【更多选项】按钮，如图 5-143 所示。

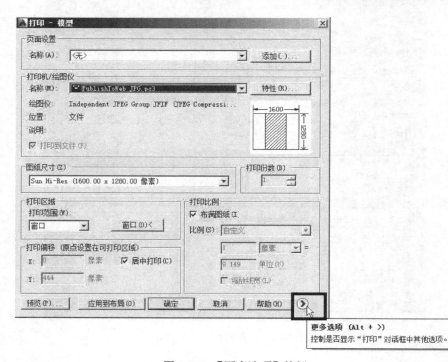

图 5-143　【更多选项】按钮

（10）打开更全面的"打印 - 模型"命令框，在右侧"图形方向"中选择"横向"，如图 5-144 所示。

图 5-144　图形方向

（11）单击【预览】按钮，可以看到横向纸张打印效果图，如图 5-145 所示。

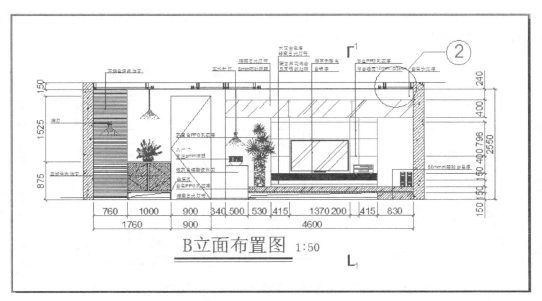

图 5-145　横向纸张打印效果图

（12）单击菜单栏中的【打印】按钮，如图 5-146 所示。

（13）打开"预览打印文件"命令框，将文件名修改为"建筑装 2014-B 立面"，单击【保存】按钮，保存至桌面，如图 5-147 所示。

图 5-146 【打印】按钮

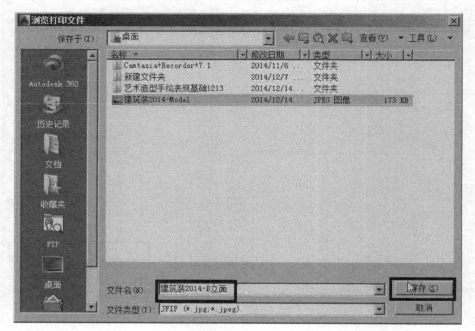

图 5-147 修改文件名

（14）最小化"Auto CAD"操作界面，在桌面上看到保存的"建筑装 2014-B 立面"文件，双击打开，会出现要打印的效果图，如图 5-148 所示。

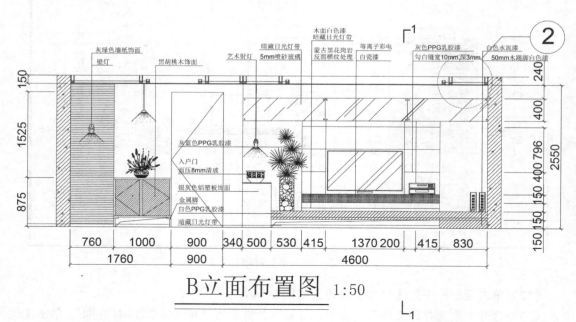

图 5-148 "建筑装 2014-B 立面"打印效果图

项目小结

　　本项目继承了项目 4 的 B 立面客厅电视背景墙的构造与材料内容，结合实例进行讲解，旨在帮助读者解决针对复杂工艺中的立面背景墙、吊顶等来绘制施工专用剖面图、大样图的问题。通过本项目的详细分解，学生能够非常清晰地了解装饰公司施工专用剖面图、大样图的准确绘制步骤与方法。

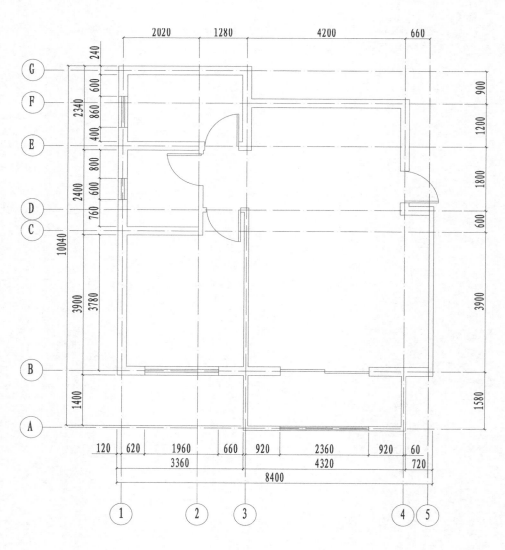

① 室内原始结构平面图 1:100

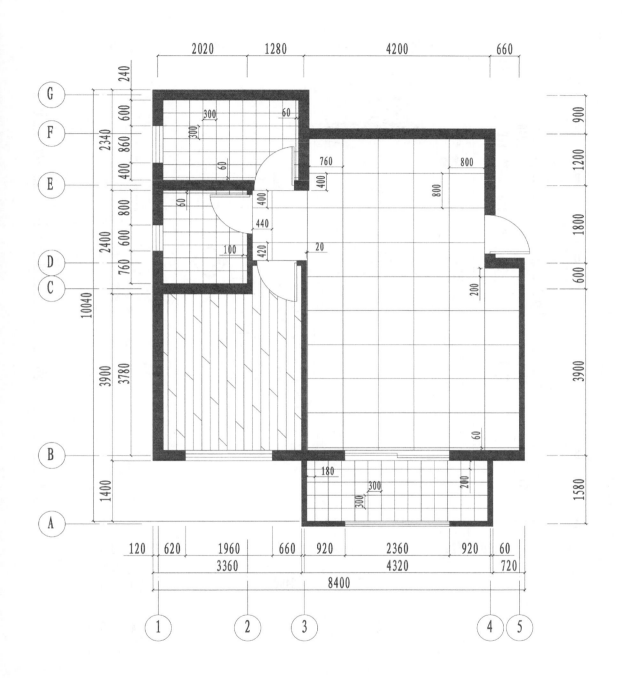

② 室内地面材料铺装图 1:100

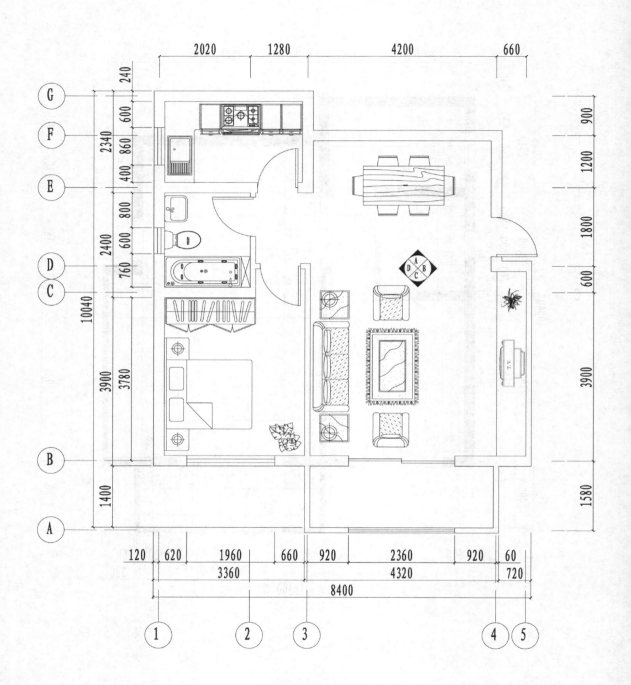

③ 室内家居平面布置图 1:100

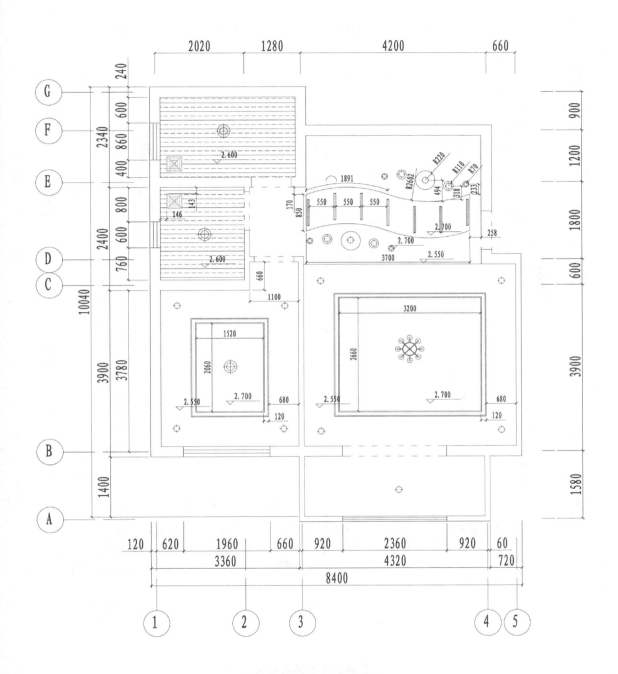

④ 室内顶棚平面布置图 1:100

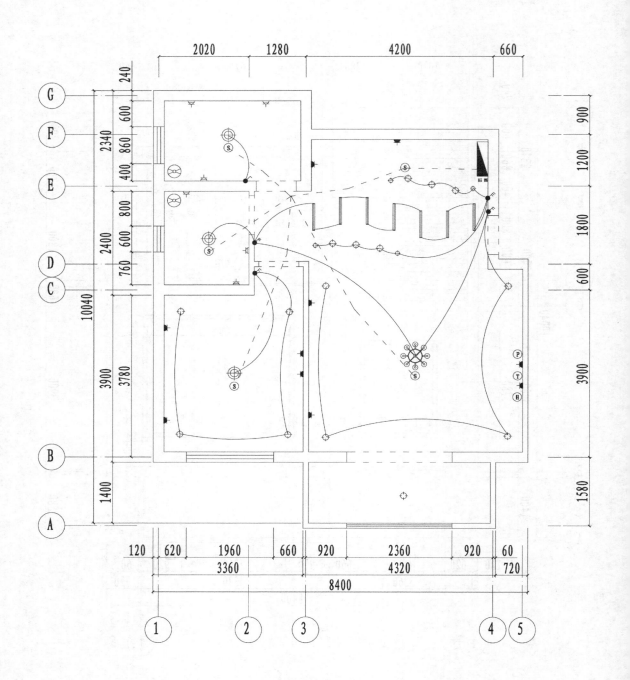

室内电气电路布置图　1:100

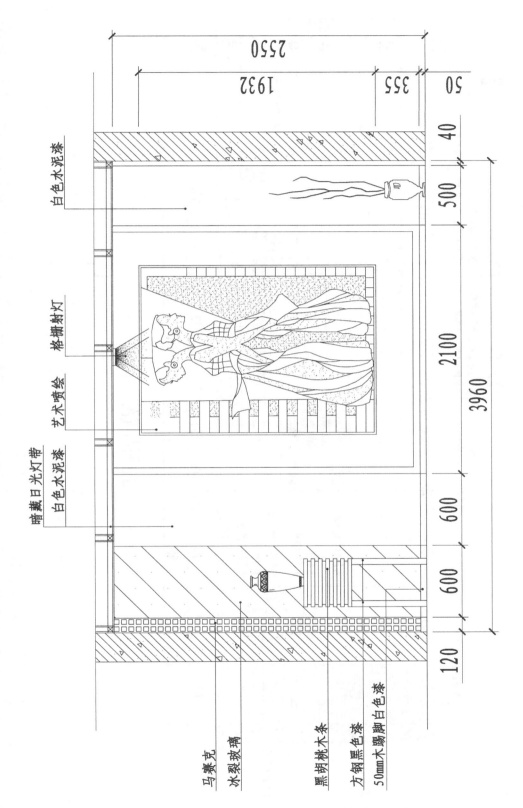

2550

1932 355 50

40

白色水泥漆

500

白色水泥漆

格栅射灯

艺术喷绘

2100

3960

暗藏日光灯带
白色水泥漆

600

600

120

马赛克

冰裂玻璃

黑胡桃木条

方钢黑色漆

50mm木踢脚白色漆

A立面布置图 1:50

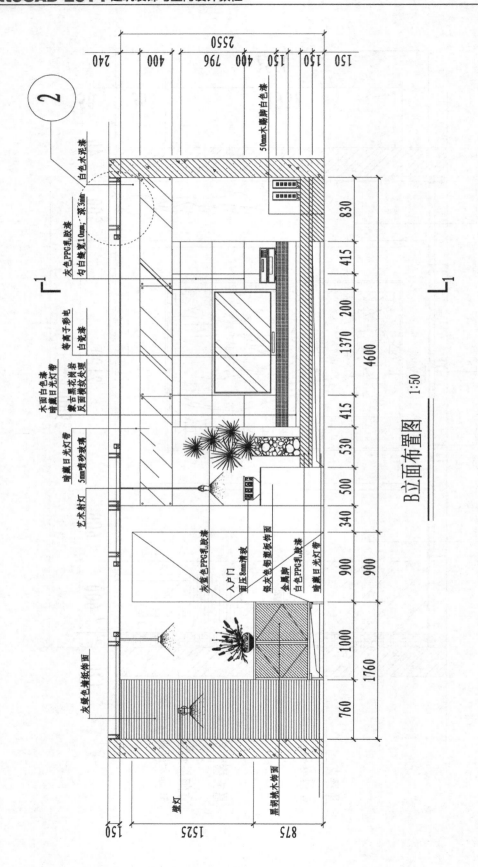

B立面布置图　1:50

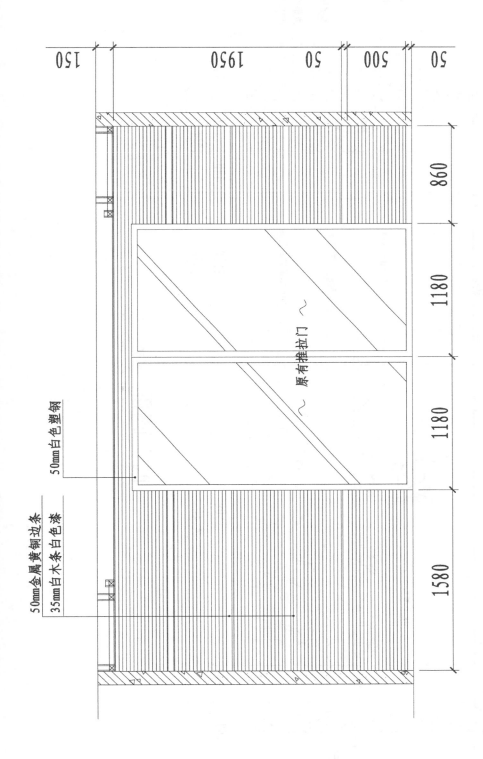

C立面布置图 1:50

150 1950 50 500 50

860 1180 1180 1580

50mm白色塑钢

50mm金属黄铜边条
35mm白木条白色漆

原有推拉门

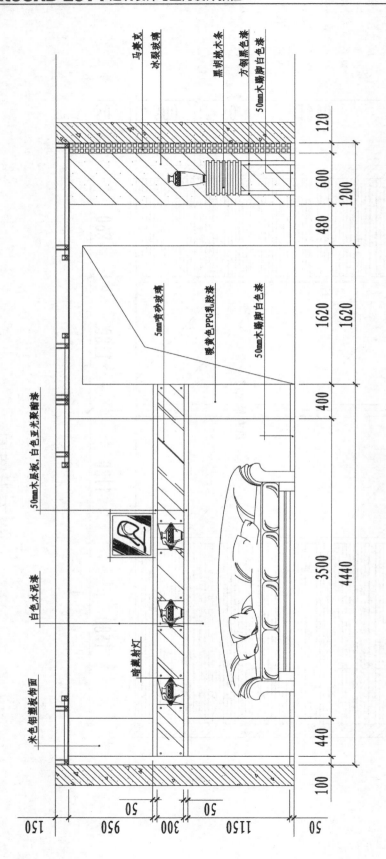

D立面布置图 1:50

马赛克
冰裂玻璃
黑胡桃木条
方钢黑色漆
50mm木踢脚白色漆

5mm喷砂玻璃
暖黄色PPG乳胶漆
50mm木踢脚白色漆

50mm木层板，白色亚光聚酯漆
白色水泥漆
暗藏射灯
米色铝塑板饰面

120
600
480
1200
1620
1620
400
3500
4440
440
100

150
950
300
1150
50
50
50

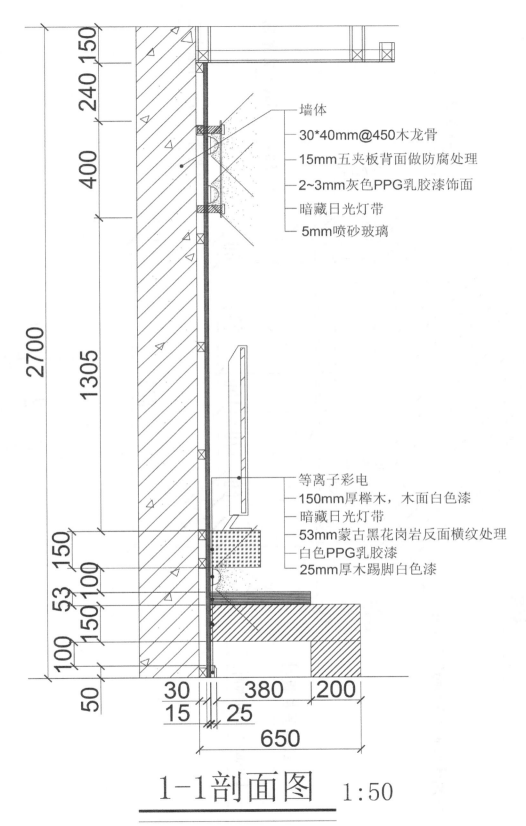

墙体
30*40mm@450木龙骨
15mm五夹板背面做防腐处理
2~3mm灰色PPG乳胶漆饰面
暗藏日光灯带
5mm喷砂玻璃

等离子彩电
150mm厚榉木，木面白色漆
暗藏日光灯带
53mm蒙古黑花岗岩反面横纹处理
白色PPG乳胶漆
25mm厚木踢脚白色漆

2700
150
240
400
1305
150
53
100
150
100
50

30
15
25
380
200
650

1-1剖面图　1:50

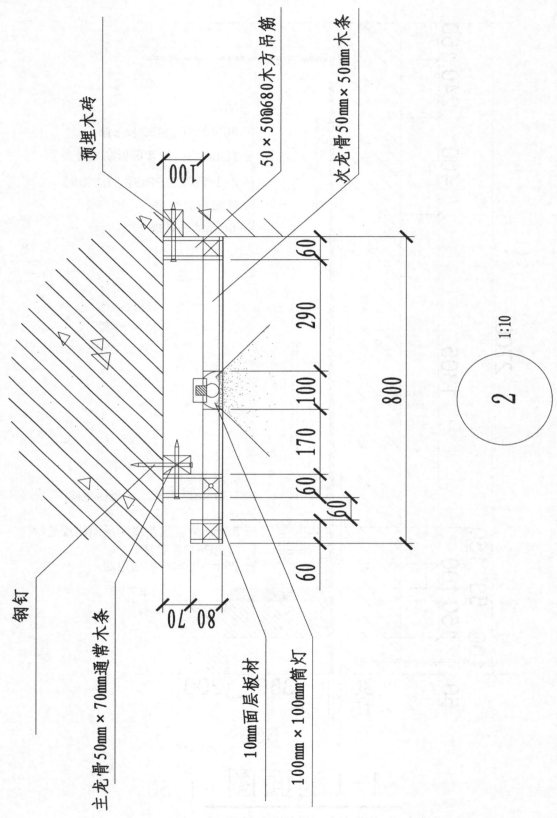

预埋木砖

50×500680木方吊筋

次龙骨50mm×50mm木条

钢钉

主龙骨50mm×70mm通常木条

10mm面层板材

100mm×100mm筒灯

2 1:10

后记

从业多年来，我对国内外 CAD 软件（无论是美国的 AutoCAD 操作平台，还是国产的广州中望龙腾软件股份有限公司的 ZWCAD+ 平台设计软件）的发展一直较为关心。看得多了，便有了一些想法。加之去年与人民邮电出版社编辑老师的沟通，使我思绪万千，开始产生着手对前几年在实际施工项目过程中所积累的手稿进行梳理，形成一本针对高职高专建筑装饰与室内设计专业学生项目教学的专业书籍。

书籍的案例为整个一套平、立、剖、大样图纸，虽然没有将整个的几十张施工图纸、以及完整的命令行核心操作数据都表述完整，但是鉴于教学的课时与用书篇幅限制，希望在以后的修订再版过程中能够进一步增加命令行、节点图与图框栏等部分内容。

最后，希望广大的师生朋友多学多练，不要局限于学习一种操作平台。根据目前的企业调研走访发现，国内有相当部分设计院公司使用较多的国产专业型的建筑软件操作平台（例如中望 CAD+ 平台设计软件、更加专业的中望建筑设计软件等等）。

由于篇幅有限将录制的 42 集中望 CAD+ 教育与中望建筑设计等教学微课上传到人民邮电出版社教学服务与资源网（www.ptpedu.com.cn）赠送给广大读者下载查看，以供分享学习、交流讨论。

乙未年乙卯月辛卯日写于威海

温馨提示：中望还提供了软件教学交流互动教育论坛，读者可扫码查看。

软件教学交流互动教育论坛

http://www.zwcad.com/zweduc/